狠狠爱自己

别指望男人给你安全感

Love Yourself Profoundly

曾子航 ◎ 著

> 女人对男人
> **不抱任何幻想**
> 是保持爱情长久的
> **唯一途径**

中国友谊出版公司

图书在版编目（CIP）数据

狠狠爱自己 / 曾子航著. —— 北京：中国友谊出版公司，2013.4
ISBN 978-7-5057-3181-3

Ⅰ. ①狠… Ⅱ. ①曾… Ⅲ. ①女性－成功心理－通俗读物 Ⅳ. ①B848.4-49

中国版本图书馆CIP数据核字(2013)第044921号

书名	狠狠爱自己
作者	曾子航 著
出版	中国友谊出版公司
发行	中国友谊出版公司
经销	北京时代华语图书股份有限公司　010-83670231
印刷	北京鹏润伟业印刷有限公司
规格	880×1230毫米　32开
	8.25印张　160千字
版次	2013年4月　第1版
印次	2013年4月　第1次印刷
书号	ISBN 978-7-5057-3181-3
定价	29.80元
地址	北京市朝阳区西坝河南里17-1号楼
邮编	100028
电话	（010）64668676

目录 CONTENTS

CHAPTER 1
为你揭开爱情的真相

- 002　一、热恋时你爱上的其实不是你的恋人
- 017　二、这个世上根本不存在"完美的情人"
- 031　三、爱情是一部电视剧，由你自编自导自演
- 040　四、要想抓住幸福，就要学会修改你的爱情剧本

CHAPTER 2
你的不快乐，别期望另一半来买单

- 052　一、婆媳不和的根源：儿子娶了跟妈一样的媳妇
- 064　二、儿时对父母的不满，长大后会转嫁给伴侣
- 079　三、如何面对童年的遗憾？学会宽恕吧
- 090　四、自己才是自己的拯救者

CHAPTER 3
安全感,
男人给不了你

- 104 一、"物质女"和"拜金女"都是从小缺少安全感所致
- 114 二、你是"对爱上瘾"的女人吗?
- 129 三、如何消除内心的不安全感?

CHAPTER 4
爱男人,
先要学会爱自己

- 146 一、攻击另一半,其实是在攻击你自己
- 157 二、你害怕自己的阴影吗?
- 167 三、请在伴侣面前摘下你的面具
- 181 四、爱自己,就是接纳自己的不完美
- 195 五、女人要学会狠狠爱自己

AFTERWARD
爱的七种武器

227　　附录　曾子情感语录

249　　后记

CHAPTER 1
为你揭开爱情的真相

爱情其实是一部电视剧,

只不过

这部剧的导演

不是张艺谋、黑泽明或希区柯克,

而是我们自己。

一
热恋时你爱上的
其实
不是你的恋人

热恋时我们都会陷入一种"梦中情人的光环效应"中

菲菲是我认识的一个女孩,前不久她突然闪婚了。二十七岁的她,看上去亭亭玉立,温婉甜美,是一家大型国企的文秘。尽管身边追求者如云,但她一直不为所动,她说那些男人都不符合她心目中白马王子的标准。

我问她要找什么样的白马王子,她说自打初二那年看了《上海滩》,周润发扮演的那位风度翩翩、痴情一片的男主人公许文强,就不经意地闯进了她的心房。每当荧屏里的许文强对着心上人冯程程微笑时,她就把自己想象成冯程程,觉得许文强此刻正深情凝望着自己;每当镜头对准许文强那张忧郁而疲惫的脸时,她也跟着揪心,甚至恨不得冲进屏幕为他排忧解难。后来,她发展到喜欢周润发，迷恋周润发，当然她最喜欢的还是许文强。

　　菲菲的家庭环境并不是太好，父亲因为生病很早就下了岗，是母亲在含辛茹苦支撑这个家。菲菲从小就很争气，学习一直名列前茅，后来考上了北京一所名牌大学，不过因为没关系、没背景，毕业后她也加入了"蚁族"的行列，漂在北京，和公司的一些女同事在四环外合租房子。这些年来她一直在打拼、在奋斗，虽然苦点、累点，可她感觉心目中那个"许文强"一直站在不远处，在鼓励她、支持她，在默默地等着她。大学期间虽然她也谈过两次恋爱，但她觉得他们都不是自己要找的"许文强"，她坚信这个男人在适当的时候一定会从天而降。

　　有一天，菲菲给我发来短信，告诉我她终于找到心目中的"许

CHAPTER 1
为你揭开爱情的真相
♥

文强"了,从见到他的那一刻起,她觉得这就是上天的安排,他简直就像是从梦里走出来的完美情人。二十七岁的她兴奋地形容,那个男人是一家广告公司的主管,比她大两岁,长得跟年轻时的周润发,尤其是《上海滩》里的许文强真有几分神似,喜欢穿西装、扎领带,头型也是那种大背头,甚至笑起来有点坏坏的样子都跟发哥异曲同工。每天他都送她一束红玫瑰,每天他都开着宝马带她去后海泡吧,甚至有一次她正在上海出差,这个"许文强"就像天降神兵一般出现了,尔后两人在外滩热烈地拥吻……

菲菲告诉我,她谈过三次恋爱,但只有这次才好像是真正的初恋,她无可救药地坠入了情网。那段日子,她觉得自己每天都沉浸在梦幻中,每天都是情人节。三个月后,他和她走进了婚姻殿堂。她说,那一刻她有种在云端生活的感觉,确实太浪漫,太不食人间烟火了!

当我还在为这段神仙眷侣般的动人爱情感慨唏嘘之时,却传来了他们离婚的消息。前前后后不到半年,这究竟是为什么?

菲菲约我出来聊天,见到她的那一刻,我惊呆了,才半年不见的她宛若一朵行将枯萎的花,非常憔悴。话还没说几句,她的眼泪就已夺眶而出:"我上当了,我后悔了,我失败了!他根本不是我心目中那个'许文强'!"

在菲菲欲言又止的倾诉中，我似乎看到了一个婚前婚后完全分裂的"梦中情人"：婚前，他潇洒大方，温柔体贴，风趣浪漫，照顾她时就像许文强照顾冯程程一样无微不至；婚后，他却像变了一个人，脾气暴躁，生活懒散，家务从来不管，打着应酬的旗号经常夜归，回到家里往往还带着一身的酒气。

没多久，菲菲发现他还跟好几个女人有暧昧关系，其中有他的女客户，还有刚到他公司的女实习生。有一次，她因为无意中看到他手机里别人发来的一条暧昧短信，终于忍不住跟他吵了起来。但没想到这个"梦中情人"竟然对她使用家庭暴力，把她一把推到了窗台前，她的额头被打开的窗户磕出了血，而他对此不仅没有表示丝毫的歉意和安慰，反倒正眼也不瞧她地夺门而去！

"我简直怀疑，我当初怎么瞎了眼，嫁了这么一个男人？！"于是，菲菲提出了离婚，但对方却不依不饶，到这本书完稿之际，她依然处在漫长而又艰难的离婚拉锯战当中无法自拔。

记得那天菲菲还跟我说了这样一番话："都说爱情是盲目的，到今天我算是真正领悟了这句话的含义。为什么热恋时我们为之疯狂的那个人，一旦走进平淡的婚姻生活中却判若两人呢？是我的眼光出了问题，还是对方太善于伪装了？"

CHAPTER 1

**为你揭开
爱情的真相**
♥

菲菲的这个问题也使我陷入了深深的思考中：为什么在热恋中相濡以沫的一对情侣，最后却不得不相忘于江湖？为什么我们苦苦寻觅的那个梦中情人，有时候即便找到了，在短暂的兴奋之后，带来的却总是长久的失望？

原来，**我们都把热恋时的疯狂状态误以为是爱情的降临，于是我们不可避免地陷入了"梦中情人的光环效应"中。**

什么是"梦中情人的光环效应"？

大家都看过金庸的名著《天龙八部》吧？还记得段誉为何对王语嫣一见钟情吗？因为她长得太像他当初在一个山洞里偶遇的一位神仙姐姐。只不过后者不是人，而是一座雕像。虽然只是一座雕像，段誉却在它身上找到了一个男孩子对梦中情人的全部想象！当他第一次看到王语嫣时，他真的以为那座雕像复活了。与其说他爱的是王语嫣，不如说他爱的是神仙姐姐。王语嫣不过是个替代品，尽管二者极其相像。这就是"梦中情人的光环效应"。我们常常以为自己疯狂爱上了某个人，其实那个人仅仅是梦中情人在我们生活中的一个投影而已。然而，我们并不自觉，反倒沉浸其中难以自拔。

我们对梦中情人的需求，来自孩提时代对未来的一种想象

我们每个人的梦中情人又是怎么产生的呢？

心理学告诉我们，一个人对梦中情人的需求，往往来源于他（她）孩提时代对未来的一种想象。众所周知，尽管儿童的身体最弱小，想象却最丰富。当我们刚刚学会走路的时候，我们就羡慕起天空自由飞翔的鸟儿；在我们连自己都保护不了的时候，我们却幻想手握钢枪去守护自己的家园。为了弥补外在世界的缺憾，每一个孩子都会在内心幻想出一个非凡的世界。如果是一个男孩子，他就会想象自己是个英雄，随时整装待发，去营救处于危难中的弱者。稍大一点，这个弱者的形象越来越清晰。她是一个美丽的公主，她被困在古堡里，周围尽是妖魔鬼怪，她急切地等待着王子飞奔而来！

为什么这个世界上大多数的孩子都是在童话的熏陶下长大？因为童话是一个梦，它让弱小的孩子们尽情展开想象的翅膀。男孩子在那里完成自己英雄救美的壮举，女孩子则把自己打扮成可爱的小公主（贫穷的灰姑娘），等待高贵的王子从天而降。

为什么自古以来英雄难过美人关？因为美人是英雄必须拯救的对象。只有在美人那里，英雄情结才能得到最大限度的释放。

CHAPTER 1

**为你揭开
爱情的真相**
♥

　　为什么女孩子都喜欢做"白马王子"的梦？因为只有白马王子才能给她穿上水晶鞋，带她走进华丽的宫殿，和她幸福地生活在一起。

　　还有一种说法，我们对梦中情人的期许，在很大程度上是来自于对理想父母的想象。在我的第三本书《恋爱时不折腾，结婚后不动摇》中，我写到：每个人心目中都有两对父母形象，一对是理想的父母，一对是现实的父母，二者并不完全对等，但却密不可分。如果现实的父母满足了我们的全部愿望，理想的父母就会和现实的父母合二为一。

　　反之，我们就会对现实的父母不满，从而幻化出理想的父母形象，来替代现实父母的种种缺憾。到了青春期，理想父母（异性的一方）会渐渐衍变成一种叫做"梦中情人"的完美典范，成为我们未来择偶的重要模板。（详见《恋爱时不折腾，结婚后不动摇》第三章第四节）

　　之后，这个梦中情人会变成一幅画，被珍藏在我们心中某个不为人知的角落，只有在夜深人静的时候，才会被偷偷拿出来观赏、回味、感慨。倘若我们在生活中遇到心仪的异性，就会忍不住把他（她）跟画中人进行比较、衡量，看看他（她）是不是自己苦苦找寻的那个梦中情人。一旦感觉到位，无论男女，都会陷入这种"梦中情人的光环效应"中,然后不由自主地把想象中的这顶光环戴到现实生活中遇到的那个人身上。这时,我们以为找到了爱情,其实不过是一种热恋的状态而已;我们以为找到了梦中情人,其实不过是个虚幻的梦。一旦光环作用褪去,我们就会如梦初醒,原来他(她)不是我魂牵梦萦的那个人!尽管二者表面上有相似之处,但骨子里却有着天壤之别。

熟悉《飘》的读者都知道,郝思嘉一直深深爱恋着英俊潇洒的卫希礼。直到有一天,她才顿悟,她爱的那个卫希礼完全是她想象出来的,并不是真实的卫希礼。那只是她在少女时代编织着一件美丽衣裳,正好卫希礼骑着一匹白色的骏马来到她的门前,一头金发在阳光下熠熠生辉,恍惚间,她以为她的白马王子来了,就情不自禁地把那件织好的衣裳给他穿上了,不管他穿得合身不合身,也不管他到底是个什么样的人。其实这不过是一个梦,一个少女幻想白马王子的梦而已,碰巧卫希礼闯了进来,成了她的男主角。直到有一天,她看到这个男人原来是这样软弱、这样可怜,全然不像她当初梦想得那样完美无缺,于是她的梦醒了。

在老版《天龙八部》中,段誉最后跟王语嫣有情人终成眷属,但是在金庸老先生重新修订的新版《天龙八部》中,段誉和王语嫣最终却分开了。因为段誉发现王语嫣并不是他要找的那个神仙姐姐,她比神仙姐姐小气多了,俗气多了,也难看多了。看来,不仅是段

CHAPTER 1

为你揭开
爱情的真相
♥

誉梦醒了,连作者金庸也梦醒了,他们都懂得了为王语嫣所吸引并非源于真爱,仅仅是"梦中情人的光环效应"在起作用而已。

热恋时我们爱上的其实是心中的一个幻影

在刚刚坠入情网的时候,很多人往往不是爱上对方,而是产生了一种幻觉,就像做了一场梦,一旦梦醒了,就感觉对方糟透了。郝思嘉对卫希礼,段誉对王语嫣,都经历了这样一个从做梦到梦醒的过程。

这就有点像我们在看一部自己喜欢的电影时,常常很难区分明星和他(她)所扮演的角色之间的关系,甚至会把明星跟角色完全画等号。直到有一天,我们看到了明星的负面报道才恍然大悟,原来他(她)演的只不过是个角色,和真实的他(她)根本是两码事!

古往今来,人们常爱说的一句话是"爱情使人变得盲目",这里的"爱情"指的就是这种在热恋当中迷失的状态。所以,当很多人终于认清另一半的真面目时,往往会情不自禁地流露出深深的失望:"我热恋的时候,是不是眼睛瞎了?!"只不过,那个让你眼睛变瞎的罪魁祸首不是对方,而是你自己。换言之,是你自己内心的幻影把你欺骗了,对方是无辜的。

很多人常常把热恋跟爱情画等号，以为疯狂地爱上某人就如同找到了真爱，其实这是一种错觉。热恋是什么？热恋是我们将内心幻想出来的一个理想形象，投射在另一个现实生活中遇到的人身上，然后疯狂而盲目地爱着这个人。有时候，他（她）未必像我们想象的那样；有时候，我们看不到他（她）真实的一面。所以说，热恋只不过是我们爱上的那个幻影，恰好在某个你认为相似的人身上"投了胎"。这就是"梦中情人的光环效应"。

我曾看过一部外国电影，一个正值妙龄的少女处在热恋中，但是她的父母和她身边的朋友都没找到她热恋的那个人，原来她只是在白日做梦，她爱上的那个人只不过是内心的幻影而已。相比男人，女人更容易爱上一种幻影，然后沉浸其中自我迷失，甚至是和幻影谈恋爱。

在某种程度上，热恋是一种自我催眠。在这种催眠作用下，对方在我们眼中就像一个上了妆的美人一样非常完美，白璧无瑕。可是再漂亮的美女，也不可能时时刻刻都带着妆出现在自己心爱的人面前，总有一天你会看到她素颜的那一刻。如果你没有很好的心理准备，你就会大失所望。原来他（她）不过是个普通人而已，甚至浑身都是缺点，让你不忍卒睹。这也是为什么很多人会有"情人眼里出西施，热恋过后变东施"的遗憾。

CHAPTER 1

为你揭开
爱情的真相
♥

说起前面那个菲菲,她当初爱上的其实不是她的老公,而是梦中情人"许文强"。确切来讲,她的老公只是"许文强"在现实中的替代品而已。热恋时,她就像被下了蒙汗药一般,分不清真实的人和梦中情人的区别,只不过这个蒙汗药不是别人下的,而是她自己误吞的。一旦走进婚姻,好似药效已过,此刻她仿如做了一场梦,醒来才发觉他并不是她心目中的那个"白马王子"。

倘若把恋人比喻成明星,热恋时你就是他(她)的粉丝,对方在你的眼里光芒四射,完美无缺;但平淡下来时你就变成狗仔了,对方被你看得透透的,很快在你的眼里全是缺点。

在这方面,民国时期著名的才女林徽因就体现出了她的高情商。当时,著名诗人徐志摩疯狂地爱恋着她,甚至不惜跟原配夫人张幼仪离婚,虽然林徽因对徐志摩也很有好感,但她最终还是拒绝了他的爱意。多年以后,林徽因对自己的儿女谈到这段感情时,说了这样一段意味深长的话:"徐志摩当初爱的并不是真正的我,而是他用诗人的浪漫情绪想象出来的林徽因,而事实上我并不是那样的人。"的确,徐志摩满脑子想的其实是他理想中的英国才女,那是他对理想爱情的一种投射——而林徽因毕竟不是曼殊斐儿或布朗宁夫人。最后,她选择嫁给搞建筑的梁思成,反倒收获了一生的幸福,并让自己永远理想地存活在诗人的梦里。

如果说热恋是盲目的，爱则是明确的；如果说热恋是一种感觉，爱则是一种感情；如果说热恋来得快去得快，爱则是持久而坚定的；如果说热恋是天气，爱就是气候；如果说热恋是短暂的荷尔蒙喷发，爱则是长期的内分泌失调。总而言之，热恋只是一种幻象，是疯狂而短暂的；爱则是真实的，历久而弥新。

要判断是否真爱一个人，要等"梦中情人的光环效应"褪去之后

也许有读者会问：那么，当我们爱上一个人的时候，如何区分这是真爱抑或仅仅是"梦中情人的光环效应"在起作用呢？

要判断你是否真的爱上一个人，要等"梦中情人的光环效应"褪去之后。这个时间有长有短，短则几天数月，长则十年八载，关键是你要真正地了解他、接纳他、包容他。因此，当你为一个人神魂颠倒的时候，他（她）所吸引你的所谓优点、长处，也许并不是这个人真实的一面。如前所述，一是你把梦中情人的种种光环不由自主地放到了他（她）的身上，二是他（她）为了取悦你，故意装出来的。

当然，我不是说你就是遇到了一个骗子。人都有两个自我，一个真我，一个假我。他（她）展现在你面前的就是假我，戴着面具的我。

CHAPTER 1

为你揭开
爱情的真相

♥

有时候人戴着面具在社会上生存,不见得就是虚伪。有时候是为了达到某种不可告人的目的而故意把自己伪装起来,更多的是一种自我保护,也是一种自我修饰。(关于真我、假我这部分内容详见本书第三章)

热恋的时候,人们仿若在假面舞会上,尽管你找到了中意的舞伴,但彼此都戴着面具,你看不到对方真实的容颜,对方也是如此。显然,真正的爱情必须在舞会散场、面具脱掉之后才能辨别,这也是热恋常常让人感觉不太真实的原因所在。因为我们都是在假面舞会上相识的,我们都隐去了真正的自我,都靠想象和幻觉来维持,而舞会终有曲终人散的那一刻!只有完全接纳一个人,才算是真正的爱。

当然,凡事无绝对,并非每个人在经历了"梦中情人的光环效应"褪去之后,都会有上当受骗的感觉,现实中不乏"有情人终成眷属"的成功案例,因为他(她)们都懂得完全接纳一个人,就要接纳对方的优缺点。

什么是完全接纳一个人?这里有个简单的自我测试。

当你为一个人疯狂着迷的时候,你以为你已经爱上了他(她),找到了真爱。这时你可以做个测试:你把对这个人的整体感觉和你朝思暮想的梦中情人形象进行一个比较，比如外形、气质、初步印象，是不是跟你的梦中情人形象类似、吻合。如果80%以上都相同或接近，那么，证明你是处在"梦中情人的光环效应"中；如果不是，那证明你确实是被这个真实的人所打动、所吸引，而不是爱上了你心中的一个幻影。

当你们的感情进入一个相对平淡的阶段，比如不像当初那样如胶似漆，开始有了一些争吵甚至冷战，你可以把此时此刻你对他（她）的整体感觉，再跟你的梦中情人形象进行比较。由于这时彼此之间的了解进一步加深，你对他（她）的整体感觉应该不仅仅局限在外形、气质等初步印象方面，还会包括人品、性格、脾气、价值观、生活观、消费观以及两人的和谐匹配程度。这时会出现三种结果：

1. 你会惊喜地发现他（她）还是跟当初一样完美，跟你想要的梦中情人高度吻合。那恭喜你，你非常幸运，你梦想成真了！

2. 你会越来越不满，越来越失望，因为你发现他（她）完全不是你当初要找的那个人，你想到了分手，你要重新抉择。如果你有类似的想法，我要告诉你的是：你热恋时爱上的不是那个真实的他（她），而是你的幻觉。

3. 你会发现他（她）有缺点、有不足，而且跟你想象中的梦中

CHAPTER 1

为你揭开
爱情的真相

♥

情人不太匹配，但你有颗平常心，懂得理想和现实的差距所在，知道梦中情人是一回事，生活伴侣又是另一回事，金无足赤，人无完人，不会简单地像套用数学公式那样把二者混为一谈，更不会拿着梦中情人这个标尺去衡量生活中遇到的每个异性。这就叫完全接纳。

在爱情中，我们都曾经是幼稚的小孩，都曾经有过幻想，有过冲动，这很正常。我们从恋爱到婚姻，就是一个从幼稚逐步走向成熟的过程。在这个世界上，绝大多数人都曾经幻想过属于自己的梦中情人，这不是什么坏事，有梦想才有希望，有梦想才有前进的动力。然而，在这个世界上，也有一群具有完美主义倾向的人，很难接受这种梦想破灭的现实。他们会苦苦寻觅心中的伊甸园，他们以为那是通往天堂的阶梯，殊不知却是走向地狱的陷阱！所以说，完美主义是缔结美满姻缘的拦路虎，是通往幸福大门的绊脚石。

♥

二
这个世上根本不存在"完美的情人"

你是完美主义者吗?

最近看到一个报道,说中国现在的剩男剩女已多达1.8亿。我不知道这个数字是否准确,这么多男女被剩下的原因究竟是什么?

这些年,我一直在全国各地众多相亲交友节目中担任情感心理专家,确实亲眼看到很多非常漂亮、非常优秀、非常出众的女孩子,在相亲台上左顾右盼、左选右选、左挑右挑,最后一个又一个男人与她们擦肩而过,她们站成了"钉子户",爱情始终没来,怨气却已爬满双颊。她们不懂"梦想照进现实"的道理,死抱着梦中情人的模板不放,甚至用套数学公式的方法来选择另一半,稍有不符就拒绝、就退缩、就放弃,自然在寻爱的道路上总是形单影只、孤独寂寞了。

CHAPTER 1

为你揭开
爱情的真相
♥

在南方某电视台的一档相亲节目中，人气极高、当场拒绝过无数男嘉宾求爱的美女模特小嫣，通过一个VCR公开了自己的择偶要求：他要身高一米八以上；他要帅气得好似翻版吴彦祖、金城武；他要月入三万；他要有责任感、幽默感；他的学历不能低于硕士；他要声音有磁性，不能有地方口音；他不能抽烟、喝酒，不能手机经常关机，不能有异性好友；要随叫随到，要温柔体贴，要会说甜言蜜语，生气了要会哄她，在家里要绝对服从她，她说一他就不能说二，如果她是女王，他就得是仆人……

当小片不停地播放她没完没了的择偶条件时，作为情感心理专家的我在现场不由得感叹："这哪里是在找男友，这完全是在找太阳神阿波罗，在找玉皇大帝嘛！"小片一停，我就忍不住直言相告："对不起，此人只应天上有，人间哪得几回闻！"小姑娘还老大不乐意，当场反驳我："谁说没有这种男人，言情小说、韩国偶像剧里一大把啦，凭什么那些电视剧里的女主角可以拥有，我不行？如果找不到，我宁可不嫁！"

小嫣的一番话说得我无言以对。是啊，现在电视台天天播放的偶像剧，不是一直在渲染这些完美无缺的情人吗？女人天生爱做梦，既然她们爱看电视剧，就会相信电视剧里描绘的生活，就会情不自禁地爱上电视剧里那些帅哥明星扮演的白马王子，然后将这种想象复制到生活中。这位女模特显然就是这样按图索骥的。

作为一名接地气的情感畅销书作家，我不禁痛恨起那些"不负责任"的偶像剧，是你们在误导这些单纯的小姑娘！是你们在毁掉她们一生的幸福！因为你们编织的所谓"梦幻爱情"勾勒出了一幅完美主义的生活蓝图，使本来就容易沉浸在梦幻中的涉世未深的女孩子上了"完美主义"的大当，也造就了很多完美主义者。

过去，人们一提到完美主义，就会艳羡不已，认为这是一个美好的想象，通向一个圆满的人生。然而，凡事过犹不及，追求完美是好事，但过分追求完美就是一件苦事，甚至会成为一件坏事。因为完美主义意味着不切实际，意味着挑剔不满、求全责备和心灵洁癖。美国著名心理学家克里斯托弗·孟有句名言："过分期望就是愤恨的前身。"而对完美主义者来说，他们就是在对他人的完美期待中不断地收获失望和愤恨。

首先明确一个概念，什么是完美主义者？简单地来讲，过分追求完美的人就是完美主义者。感情上的完美主义者，会在心中树立一个完美的标杆，然后以此来衡量自己和对方的思想和行为，并选择伴侣。完美主义，对自己、对他人来说，都不是天堂，往往是地狱。

CHAPTER 1
为你揭开爱情的真相

完美主义者的主要性格特质以及对待感情的方式

1	无论对自己,还是对他人,都要求严格,既严于律己,同样也严以待人。
2	事事追求完美,不能接受失败和打击。
3	性格经常在两极徘徊,有时候固执己见、刚愎自用,有时候又摇摆不定,特别在意别人的评价。
4	关注细节,喜欢钻牛角尖。
5	无时无刻不感觉到压力,很少被快乐充盈。
6	很小就在心中树立起了梦中情人的完美典范。
7	严格按照梦中情人的标准来择偶,且宁缺毋滥。
8	喜欢对伴侣吹毛求疵、百般挑剔。
9	面对感情总是处于极端状态:要么飞蛾扑火,要么心如死灰。
10	容易一见钟情,容易陷入"梦中情人的光环效应"中。
11	和伴侣争吵时,喜欢揪住对方的缺点不放。
12	总是把自己的意志强加到对方身上,总想按照对理想情人的要求来改造伴侣。
13	习惯于居高临下、颐指气使,很少主动认错。
14	自尊心很强,无法忍受别人的轻视和怠慢,哪怕是伴侣也不行。
15	常常有种孤独感,觉得这个世界上没人可以真正理解自己。

你可以自测一下，如果你具备以上15条特质中的10条以上，那么你就是一个不折不扣的完美主义者；如果你具备13条以上，不好意思，你就是比较严重的完美主义者了！

我录过一档家庭调解节目，一位肖女士要离婚，第一条理由就是：丈夫经常晚上睡觉忘了关灯、关电脑，这让她极其崩溃！仅仅是因为这个细节，她就整天跟丈夫吵闹；也因为这个细节，她在现场跟主持人和专家足足掰扯了一个小时！看来，肖女士也是非常讲究完美的一个女人。

在我参与的这些相亲节目中，我发现大多数来相亲的女孩，对自己究竟应选择什么样的男人很纠结：如果这个男人温柔体贴，就会被认为不够"爷们"；如果他很阳刚威武，又怀疑他有"大男子主义"。最后，我总结出大多数女孩想找的男人其实是这样一种：在外面，路见不平一声吼；回到家，就爱老婆对他吼。一句话，在外面是武松，回家是武大郎；在别的女人面前是柳下惠，在自己面前是西门庆。可惜，这样"完美"的男人少之又少！

完美主义者内心都住着一位挑剔的批评家

如果你认为完美主义者都是从完美家庭里走出来的完人，那就

CHAPTER 1

为你揭开
爱情的真相
♥

大错特错了！完美主义者大都是在不完美的成长环境中苦熬出来的。严厉的父母，严苛的教育，加上严格的要求，是培育完美主义者的三大基因。

完美主义者内心都住着一位挑剔的批评家。这位批评家手握戒尺，时刻在提醒他、监督他、敲打他，让他总是处于自责当中。这位批评家，小时候是父母，是老师；长大以后是领导，是同事，是社会的舆论，是别人的眼光，是内心的另一个自我，一个总是要求自己趋于完美的自我。

如果说孙悟空头上的紧箍是强加给他的，完美主义者头上也有一个类似的紧箍，是小时候对孩子过于苛责的父母给孩子戴上的，久而久之，紧箍就跟他们融为一体，他们也就成了完美主义的奴隶。每当他们稍有懈怠和懒惰，内心深处就有一个严厉的声音马上响起："你做得还很不够！你离完美还差得远呢！"

完美主义者小时候大都遭受过严厉的斥责和惩罚，这使得他们普遍自尊心很强，为了避免再次受辱，他们一方面会强迫自己凡事尽量做到最好，另一方面他们会压抑自己内心的真实情感。因此，每个完美主义者的心房都有一个地下室，那些真实的情感，包括自己的种种缺点和不足，都会被关在这个地下室里，终日不见阳光。长此以往，完美主义者会对这些视而不见。

而在外人眼中，这些完美主义者似乎也成了完美无缺的完人。但是这个世界上怎么可能会有真正完美的人呢？总有一天，狐狸尾巴还是要露出来的。一旦自己的缺点被人发现，甚至被当面指出来，完美主义者会难以接受甚至拂袖而去，因为自己的缺点已被自己冷藏在地下室多年，别人突然哪壶不开提哪壶，不等于把自己见不得人的东西公布于众吗？所以，完美主义者大都心高气傲，跟众人保持着一定的距离：一是他们往往看不起别人，二是他们也怕自己真实的一面被人看穿。

换句话说，完美主义者大都不太自信，在追求完美的外表下，往往掩饰着脆弱的心以及不太完美的内在。

完美主义者对待爱情的方式往往特别极端

心理学告诉我们，一个人越想得到什么、追求什么，常常是源自未被满足的个人需求。这种需求，有的是物质上的，有的是精神上的，也有的是属于情感方面的。完美主义者追求完美，是因为他们觉得自己不够完美，甚至很不完美，所以他们总是期待一段完美的爱情，以填补现实的缺憾。他们在要求自己完美的同时，也要求对方完美，否则就像看到一块新鲜出炉的白馒头上落了一只苍蝇一样难以忍受。

CHAPTER 1

为你揭开爱情的真相
♥

在另一档相亲交友节目中,我就遇到了一个极度追求完美的女孩黄小姐。黄小姐从事的是金融工作,可却像个大夫。每次上来一位男嘉宾,她都要挑剔对方,要么嫌这个男的腰挺不直,要么就问那个男的是不是脖子有毛病;要么看不惯头发过长的男生,要么就对男人白袜子配黑皮鞋的搭配嗤之以鼻。有的男嘉宾上来直抖腿,她就说:"你是不是有多动症?"有的男嘉宾紧张得脸色发暗,她就单刀直入:"是不是肝不好?"要是男嘉宾说话冲点,她又忍不住扔过来一句:"你有点阴虚火旺。"

这位黄小姐就像从医院放射科被搬到演播室现场的 X 光,把所有来相亲的男嘉宾都扒得光光的,看得透透的,以至于后来主持人和男嘉宾给她取了个绰号"黄大夫"。每次她要向男嘉宾发问时,主持人就调侃:"我们的黄大夫又要给你诊断了,你要有心理准备,别给吓坏了身体。"

一次录像间隙,我跟她聊天,才知道她的这种故意挑剔来自于她过分追求完美的个性。她告诉我,她的母亲是健美教练,从小就严格要求她的站姿坐姿,对她如何穿衣打扮更是高标准、严要求。有一次她在地摊上买了一件廉价的裙子回来,就招来一顿责骂。渐渐地,她就用对待专业舞蹈演员的尺度来要求自己了。

尽管外形甜美、气质高雅,但她的这种事事讲究完美的个性,还是吓跑了她的前两任男友。站在相亲舞台上一年了，二十七岁的她还是孑然一身。末了，她眼神炯炯地说了这样一番话："我要感谢我妈，没有她的严格教育，哪有我的今天——站有站相，坐有坐相？如果一个男人第一眼看上去就这么多的毛病，今后怎么相处？日子怎么过？在这方面我是宁啃仙桃一口，绝不要烂杏一筐。"

完美主义者对待爱情的方式往往特别极端，要么宁缺毋滥，像"黄大夫"的择偶观就是"宁啃仙桃一口，不要烂杏一筐"，前面提到的那位女模特的爱情宣言是"宁做'齐天大剩'，也决不让劣质男人乱中娶剩"；要么一旦遇到了所谓的梦中情人，就会被前面提到的"梦中情人的光环效应"所击中，智商归零不说，为对方还真可以做到言听计从、百依百顺，原来种种的清规戒律、条条框框都会瞬间抛到九霄云外。

我认识的一位私企女老板卢女士，就是十足的完美主义者。一次聊天她告诉我，她的内心其实一直住着两个人：一个是严苛的批评家，总是对自己，也对别人挑三拣四；还有一个是心地单纯、憧憬爱情的小女孩。平时小女孩总是被批评家管着，不得自由，也没机会独立表达自己的观点；一旦坠入爱河，内心那位严苛的批评家就好像进入了冬眠，小女孩便重获新生，彻底解放。

不过，这个标尺倘若把握不好，小女孩就会上当受骗。卢女士

CHAPTER 1

**为你揭开
爱情的真相**

♥

就是这样，三十出头依然待字闺中，多少高富帅追求，她都不为所动，只因为：他们都不是我的菜！偶然的机会，她独自去电影院看电影时邂逅了一位艺术青年，他略带颓废的气质、坏坏的笑一下子抓住了她。当晚，她在日记里写到：我与等待多年的梦中情人不期而遇了！于是她扔掉了高傲，丢下了矜持，甚至差点为他关掉公司去远方流浪。

没多久，一个女人打上门来，她才恍然大悟：对方早有家室，只不过老婆孩子在乡下。那位"艺术青年"爱上她，仅仅是出于"脱贫致富"的考虑，她却在"梦中情人的光环效应"作用下抛开了全部防备。结果，不仅感情被骗，20多万现金也如肉包子打狗一去不回头。

前面提到，当我们从"梦中情人的光环效应"中清醒过来时，会对当初疯狂爱上的那个人或多或少有所失望。而对完美主义者来说，更像是从天堂掉进了地狱，因为自己内心那位批评家重新戴上了挑剔的眼镜，于是很难接受一位既有优点又有缺点的伴侣。在他们心目中，伴侣就应该是完美无缺的，一旦发现对方并不完美，完美主义者要么立刻终止这段感情，要么就迫不及待地实施改造，想让对方变得像梦中情人一样完美。

在一期情感调解节目中，我遇到了一位年近四十的中学女教师林女士。她多年单身，原因只有一个：没找到属于自己的梦中情人。她是刘德华的忠实粉丝，像刘德华那样完美的男人才是她的择偶标准。

去年，她终于扛不住父母的压力，通过同事介绍交往了一个男友。对方工作不错，收入不错，对她也体贴入微，就是外形不如刘德华"标准"。她总是挑剔他、数落他，嫌他不完美，甚至按照刘德华的标准改造他：给他设计刘德华的发型，穿刘德华经常穿的那样风格的衣服，让他像刘德华那样说话，像刘德华那样微笑。男友起初逆来顺受，后来受不了了就开始反抗。两人的关系已经到了剑拔弩张的地步。

在演播室现场，林女士一脸的委屈："我为什么要改造他？还不是想让他更完美？我是个完美主义者，我这么爱他，难道他不懂吗？"我当场反驳："你根本不爱他，你爱的是刘德华。爱一个人就应该尊重他独特的个性，就应该完全接纳他，包括他的优点、他的缺点。就应该让他走自己的路，而不是越俎代庖，甚至改头换面。刘德华是很优秀，但你没有权利让另一个人变成像刘德华那样的人，哪怕他是你的爱人、你的孩子。"

完美主义者也是某种程度的极端主义者。在他们眼中，世界非黑即白，要么完美无缺，要么糟糕透顶。他们不懂得任何事情、任何人都有两面性。

CHAPTER 1

为你揭开
爱情的真相
♥

就像我在《女人不"狠",地位不稳》一书中写到的：这个世界上没有绝对的好男人，也很少有彻头彻尾的坏男人，所谓好坏都是相对而言。绝大多数男人都是绅士与流氓、天使与恶魔的结合体。男人何时展现出绅士的一面，何时暴露出流氓的另一面，要看当时的环境，要看人的心态变化。女人也是一样，再标准的淑女也有变成荡妇的基因，就像托翁笔下的安娜·卡列尼娜，你说她是淑女还是荡妇，不可一概而论，至少在我看来两者都有：在丈夫卡列宁面前，她是淑女；在情人渥伦斯基面前，她就忘掉了妻子的责任。换言之，安娜不像一个随便的人，可一旦随便起来就不像人。对完美主义者来说，学会接受人性的灰暗地带虽然是件非常困难的事，但也是必须面对的课题。

缺憾才是一种美

看到这里，也许有不少完美主义者会很惶恐，既然完美主义如此可怕，那么如何调整、如何改变呢？

改变完美主义倾向，是个比较漫长而艰难的过程。我以前也是一个完美主义者，无论做事还是择偶，都给自己树立了一个难以企及的标杆，结果给自己造成了很多困扰。慢慢地，我开始调整自己。结合自己的体会，给完美主义者几点建议：

一是，接纳父母的不完美以及自己的不完美。

这二者是循序渐进、相辅相成的，只有接受父母的不完美，才能接受自己的不完美；只有接受自己的不完美，才能真正接受伴侣的不完美。（关于这点详见本书第二章）

二是，树立一种"缺憾才是美"的观念。

过去，人们普遍认为，美跟完整是画等号的，所以才有"完美"这个词的出现。其实这是不对的，完整和美是两个不同的概念，比如维纳斯是公认的美的化身，可她完整吗？少了双臂的她无疑是残缺者，可没人否认她的美。

这些年，曾国藩的为人处世之道获得了很多人的推崇，我发现，曾国藩有一个重要的人生态度，就是"求缺"。他认为，人生之美好就在于花未全开、月未全圆的缺失之美。花若未全开尚有艳极之时，月未全圆必有满盈之刻，人生有缺，则意味无穷。而花艳极则枯，月满盈则食，运盛极而衰，此事之常理。所以，人应懂得品味缺失，享受缺失，不必强而求全。懂得了享受缺失，人自然会心生幸福，懂得感恩。曾国藩深知此道，因此他的书房名为"求缺斋"，他写的日记叫"求缺斋日记"，他的求缺艺术成就了他一生的成功，也成就了他一生的幸福。

CHAPTER 1
为你揭开
爱情的真相
♥

三是，学会给自己正确的心理暗示。

当然，积极的心理暗示也很重要。这种心理暗示不仅针对他人，更主要的是针对自己。当你对伴侣的某些行为举止非常不满，内心升起愤懑的情绪时，要立刻给自己的内心灌输这样一种声音："他（她）已经很完美了！"同时，脑海里要快速闪现出他（她）的种种优点和吸引你的特质，这样才能你避免陷进无休无止地批评和怪责中。

对自己也是如此，如果你总觉得自己做得不够好，当住在内心的那位严苛的批评家又忍不住发难时，你要敢于对批评家说"不"："不要为难他（她）了！他（她）已经很努力了！他（她）已经做得很不错了！"

三
爱情是一部电视剧，由你自编自导自演

在恋爱之前，你就编好了一部爱情大戏

　　安徒生的著名童话《拇指姑娘》中讲到：从前有一个妇人，她很想要一个小巧又可爱的孩子，便去请教女巫。女巫给她一粒麦粒，让她种在花盆里。当花朵绽开时，在那根绿色的雌蕊上面，坐着一位娇小的姑娘，她看起来还没大拇指的一半长，因此，人们就管她叫"拇指姑娘"。

　　拇指姑娘看上去白嫩、可爱，虽然个头很小，但她的心总是向往着阳光。直到有一天，一只丑陋的癞蛤蟆把她抱走了，让她给自己的儿子小癞蛤蟆当老婆，从此她开始了黑暗的生活。

　　河里的鱼儿很同情拇指姑娘，便把一片荷叶的茎咬断，让拇指

CHAPTER 1

**为你揭开
爱情的真相**

♥

姑娘随着荷叶漂到了外国,后来被金龟子抛弃在了一片森林中。清晨,她以露珠为饮料,以花蜜为食物,生活还算过得去。但随着寒冷又漫长的冬天的来临,拇指姑娘只好到田鼠家生活。没多久,一只富有的鼹鼠也看上了拇指姑娘,但她无法接受这份感情。因为鼹鼠不喜欢阳光和鲜花,这不是她想要的生活。

拇指姑娘曾经在地道里救过一只燕子,燕子马上要飞去另外一个国家,它便问拇指姑娘:"你愿意和我一起到另外一个国家去吗?"拇指姑娘爽快地答应了。燕子背着拇指姑娘飞到了一个温暖的国家,那里的阳光是那样的充足,天空是那样的蓝。燕子把拇指姑娘放到了一朵最美丽的花上,上面有一个和她一样大的美男子,他就是所有花朵的王。最后,拇指姑娘嫁给了这位英俊的王,从此过上了幸福美满的生活。

小时候第一次听到这个故事时,觉得很美很动人;长大点,再次听到这个故事,就会想,为什么拇指姑娘不嫁癞蛤蟆和鼹鼠,只嫁英俊的花王?与其说是前者丑、层次低,彼此不般配,不如说后者才是拇指姑娘的梦中情人,更符合拇指姑娘对美好爱情的想象。

这些年读了不少关于爱情心理学方面的书籍,在所有关于爱情的定义中,美国心理学家罗伯特·斯坦伯格所提出的观点大概是最耐人寻味的:"爱情是一个故事。"为此,他解释说:这个故事的作者不是别人，而是我们自己。

由于曾经做过多年的影评人，又有过大量的观影体验，我的理解似乎更深一层：爱情其实是一部电视剧，只不过这部剧的导演不是张艺谋、黑泽明或希区柯克，而是我们自己。同时我们还身兼男主角（女主角），每部剧的剧情和主题早就在心中设定好了，倘若遇到心仪的拍档，这部剧就会迫不及待地在生活中上演。至于剧的类型，在很大程度上则取决于我们跟对方的相处模式。

说得再通俗一点，那就是早在正式恋爱之前，你心里就编织好了一出自编自导自演的爱情大戏，而跟你配戏的女主角（男主角）则是你想象的另一半，就是前面提到的梦中情人。一旦在现实生活中找到非常接近或类似的另一半，你就会情不自禁地对号入座，使想象中的这出戏得以"复制、粘贴"，所谓的爱情就这样不可思议地产生了。对拇指姑娘来说，她喜欢阳光，英俊的花王可以满足她对爱情的想象，而癞蛤蟆和鼹鼠都不符合她剧中的男主角的形象，因此她最终嫁给了花王，这才是她真正想要的爱情剧的美满结局。

你怎么想象爱情，生活中的爱情剧就怎样上演

一个人把爱情想象成什么样子，其真实生活中的爱情剧就会怎

CHAPTER 1

**为你揭开
爱情的真相**
♥

样上演。比如，你从小家境贫寒，日子过得不顺心，于是你总会幻想一位高贵的王子出现，他会把你从黑暗的世界中拯救出来，让你过上像白雪公主一样幸福的生活。显然，这种对美好爱情的美丽憧憬就是你的剧情，主题是被拯救，类型则是标准的童话剧，你心目中的男主角是一位条件优越的白马王子。

如果你是个很现实的人，你不喜欢那种虚无缥缈的爱情，你就想找个靠得住的人踏踏实实过日子，尽管你没太多想象，但这出戏的大致剧情也被你不由自主地勾勒出来了。简简单单，平平淡淡，没有大起大落，没有起承转合，但依然有主题、有类型：主题是过日子，类型是一部生活剧，跟你合作的主角是个会过日子的普通人。

如果你从小成长在一个破碎的家庭里，父母过早的离异让你对婚姻失去了信心，你觉得自己这辈子仿佛是中了魔咒一样，会重走父母不幸福的老路，没人疼，没人爱。其实你对爱情的想象也在不知不觉中变成了一部剧，这部剧的剧情就是你悲惨的童年以及你悲剧的未来，主题是你找不到幸福的所在，类型则是一部苦情剧。而且你常常感觉不到拍档的存在，一直沉浸在自己的痛苦中，对方最后绝对会扬长而去，因为他难以忍受你的无情和冷漠。到头来，这出苦情剧也是一部独角戏。

如果你曾经在一段刻骨铭心的感情中遭遇了背叛,你受到了严重的伤害,所谓"一朝被蛇咬,十年怕井绳",即便一段新的感情向你走来,你也会风声鹤唳、草木皆兵。接下来的剧情,就被你衍变成了不停地去寻找对方不忠的迹象。哪怕他是个正人君子,也抵消不了你内心的种种疑虑。显然,怀疑成了你不变的爱情主题,你生生把本该是情比金坚的纯爱剧演成了悬疑剧。

我在一期节目中遇到的女孩晶晶,无疑就是这样一位怀疑主义者,二十五岁的她谈了三次恋爱均无疾而终。如果说初恋的失败是由于男友的背叛,那么后来的两个男友则都是被她彻底的怀疑精神给吓跑了。

在节目中,晶晶告诉我们,初恋男友的劈腿让她对男人的忠诚打上了很大的问号,以至每交一个男友,她都会陷入自己被欺骗的妄想中,查手机、翻短信、进QQ成了侦查对方必不可少的三种手段。她的第三个男友老出差,她甚至派出了私家侦探跟踪追击,查来查去,一无所获。她依旧疑神疑鬼,让人不禁联想起《中国式离婚》中妻子(蒋雯丽饰)对丈夫(陈道明饰)无休无止的盘问和追查。她的这位男友在节目的电话连线中感慨:这哪像在谈恋爱,分明是警察在搜罗犯罪嫌疑人的蛛丝马迹嘛!

在我看来,晶晶的爱情模式已经变成了一出不折不扣的谍战剧,

CHAPTER 1

为你揭开
爱情的真相
♥

她是潜伏在男友身边的间谍，随时搜集不利于对方的证据以为己所用。这就是晶晶的问题所在，她意识不到自己每遇到一个男友时，那些被欺骗的过往就使她不由自主想上演一出谍战剧，只不过这剧是她自编自导的。她还要出演正一号，强迫男友扮演反一号，如果对方像《中国式离婚》里的丈夫那样被迫参演，这个谍战剧就会没完没了地在两人之间演下去；如果对方中途退出，这个剧就会提前收场，两人的感情也会就此画上休止符。

如今，社会上还有一些"物质女"、"拜金女"，只想通过爱情和婚姻来实现人生的"三级跳"。换言之，她们傍大款也好，找干爹也罢，只有一个目的："脱贫致富"。很多穷小子即便再有才、再重情，她们也看不上眼，因为这不是她们故事里所要寻找的男主人公。在她们眼中，爱情只不过是一种买卖、一次交易而已。这就是剧情的主题。如果说她们对所谓的爱情的想象也是一部剧的话，那就是一出彻头彻尾的阴谋剧。这出剧有个很好的剧名叫《阴谋与爱情》。

只要你是一个正常的人，无论男女，都会对爱情有自己的想象和憧憬，这里有类型、有情节、有男女主人公——如果你是个男人，男主人公就是你自己；如果你是个女人，你就是女主人公。还有主题，就是你对爱情的认识和理解，简单地说，就是你的爱情观。每个人对爱情的想象，包括情节、主题和梦中情人都不一样，它跟每个人的性格特征、家庭环境、成长背景以及第一次重要的情感经历都息息相关。在这里面，对你影响最深的往往是你最重要的情感体验，包括你和父母的关系、你的初恋、你的心理需求等。

我曾看过香港媒体对陈冠希的一次采访，里面提到陈冠希对爱情的看法，陈冠希直言不讳。他说，爱情在他眼中无异于一场游戏，他跟很多女孩一夜情、拍艳照，都是基于这种游戏心态。他为什么会对感情如此放纵？原来，这跟他的初恋女友有关。网爆：陈冠希很爱他的初恋女友，但在他十五岁那年，女友却和他最好的朋友好上了，让他对爱情和友情的信任瞬间坍塌。

陈冠希和父亲感情非常好，但有关陈父是同志的传闻却从未间断过，对此陈冠希多次表示："我父亲不是同志！"有种说法称陈冠希爱泡妞是为了报复父亲，也是为了引起父亲的关注。这是典型的带有孩子气的反叛行为。

陈冠希频换女友也好，喜欢拍照留念也罢，都是少年时期被"戴绿帽"的结果。他对女性的贞洁观产生了严重的不信任感，加上对父亲性向的质疑，使得陈冠希对性产生了极度的游戏心态。因此，他的爱情主题就是游戏，他的爱情剧就是一出不忠剧，剧中的女主角是不固定的，就像走马灯似的换来换去。而很多条件相当不错的富家女、女模特、女明星之所以会对陈冠希趋之若鹜，则是因为陈

CHAPTER 1

为你揭开
爱情的真相
♥

在很大程度上满足了女人对所谓坏小子的全部想象。

"男人不坏,女人不爱",也是一出特殊的心理剧

所谓"男人不坏,女人不爱"的说法,其实也是一出特殊的心理剧。现在,有些男人,对情人掏心掏肺,对家人却没心没肺,偏偏有些女人为他们撕心裂肺,因为在所谓的坏男人身上,不同成长经历、不同性格特征的女人会产生出不同的心理需求,编织出不同的爱情剧本:被刻板枯燥的生活困得透不过气来的淑女少妇,会觉得坏男人是扇门,带她进入了另一个新奇的世界。安娜·卡列尼娜跟渥伦斯基外遇,《泰坦尼克号》中的富家女罗丝爱上穷画家杰克,都是基于这一类心理诉求。

高三女生小柔爱上了一个无正当职业的街头混混。就是为了这样一个街头混混,荷尔蒙短暂地喷发了一下,就让小姑娘长期内分泌失调了。小柔什么都听他的,还跟他离家出走,只因为他高考落榜了。这段感情看似不合理,其实完全符合小柔对爱情的向往。

在一次咨询中,小柔告诉我,严厉的父母、繁重的学业让她不堪重负。她形容自己好像一直住在一个黑暗的铁屋子里,周围是铜墙铁壁,壁垒森严,她一直幻想一位勇士从天而降,带她冲破牢笼,

走向光明。一次她跟同学去酒吧流连,认识了小刚,他的桀骜不驯、异想天开深深吸引了她。他带她去泡吧,带她逃学,甚至骑着摩托车带她去野外兜风,这让她体验到了从未有过的人生。小刚显然就是她早就在心中编好的那个爱情剧本的男主角——一个带她冲破牢笼的人。最后,他成了她的光,她的电,她的唯一神话!

有些女孩从小被暴虐的老爸责打,她们不觉得是老爸的错,而是认为自己做得不好,因此渴望修补童年的缺憾。找回老爸的爱心,成了她们一种潜在的愿望,一旦遇到跟老爸一样暴虐的坏男人,她们就会情不自禁地陷进去。

还有一类女人,她们天生具备女侠情怀,侠肝义胆,急公好义;她们从小在家里就是主心骨、顶梁柱,看到弱书生、坏小子都会母性大发,伸出援助之手。对她们来说,付出就是最大的爱,爱情故事的主题就是女人成就男人。

所谓"男人不坏,女人不爱",这里的"坏"是对外人而言,对这些不由自主地爱上他们的女人来说,这不是一种坏,而是一种特殊的魅力,一种与众不同的个性。所以,"男人不坏,女人不爱",坏坏的小男生总是让女人心痒难耐。有些男人总是找不到老婆一点都不奇怪,因为他们既不够帅,也不够坏,迟早要被女人拒绝于千里之外。

四
要想抓住幸福，
就要学会
修改你的爱情剧本

有时候主角选错了，剧情就会在不知不觉中"变了味"

虽说爱情是每个人想象出来的一部剧，但这部剧拍出来不见得会给人带来欢乐，往往会给人带来痛苦。比如，不相信爱情，总把爱情想象成苦情戏或悬疑剧的人就很痛苦。有些爱情剧则曲高和寡、不接地气，或者剧本只存在于你的脑海中，它根本上演不了，因为你找不到故事中的那个男主角（女主角）。比如，喜欢把爱情想象成童话剧或神话剧的女孩就很不接地气。现实生活中哪有那么完美的白马王子，哪有那么多惊天地泣鬼神的爱情，于是她们在漫长的等待中，任时光蹉跎，变成了所谓的"剩女"。

这里又涉及一个问题，那就是我们常常一厢情愿地以为现实中遇到的那个人，就是脚本中所想象出来的那个他（她）。可有时候，美好的梦想总会被残酷的现实击得粉碎：原来，他（她）并不是我当初要找的那个人！可惜，时间不饶人，回头想想，悔之晚矣！

　　红拂是隋炀帝的宰相杨素身边的一名歌妓。据说红拂在杨府并没有名字，只因她每天捧着一柄红色拂尘站在主人身边，久而久之，大家便唤她"红拂"。这杨素可了不得，不仅是当朝一品，还是前朝托孤重臣，可谓权倾一时，按现在的话来说，那也是不折不扣的绩优股男人。但红拂不知道为什么就是看不上这个老头子，偏偏对当时还是一介布衣的小伙子李靖产生了浓厚的兴趣。

　　李靖当时也算是"长漂一族"（在长安漂着的，跟如今的"北漂"类似），带着年轻人的梦想来首都长安碰碰运气，大概听说宰相杨素招贤纳士，就跑过来应聘了一回，自然没被杨素看上眼，可没想

CHAPTER 1

**为你揭开
爱情的真相**
♥

到站在杨素身边的这位红拂姑娘却"慧眼识英雄",对他越看越顺眼。

当晚,红拂就神不知鬼不觉地一个人跑到李靖住的出租屋,向他大胆示爱!俗话说得好,男追女隔座山,女追男隔层纱,何况又是一位能歌善舞的漂亮美眉,接下来的故事不用我说大家就全都猜到了:两人连夜私奔。于是,继汉朝的卓文君之后,中国历史上又一个以私奔著称的奇女子诞生了!不过,红拂运气还算不错,不像卓文君那么倒霉,私奔到头撕碎了一颗心。红拂选的这只"潜力股",不仅胸怀大志且有情有义,最后跟着李世民打天下成了开国元勋,红拂也夫荣妻贵,美名远扬!

红拂夜奔的故事告诉我们:事物不是一成不变的,男人更是如此,女人要用发展的眼光看男人,潜力股会变成绩优股。如果套用爱情是一部剧的理论,红拂实际上在遇到李靖之前,心里早就编好了一个剧本:她要选一个对的男人,和他大干一番事业。显然这是一部励志爱情剧,男主角是一个像李靖这样的潜力股男人。

有一位黄女士从小就喜欢红拂夜奔的故事,她一直把自己想象成红拂,期待遇到现实中的李靖。在她编织的这套爱情大戏中,美女识英雄是主题。结果,剧情并未像她想象的那样推进下去,潜力股并未成为绩优股,反倒退化成了垃圾股。

十年前，当黄女士还是黄小姐的时候，她是一位领导的千金，性格娇纵中不乏豪爽之气。她拒绝父母为她安排的门第婚姻，偏偏对单位的一个临时工心生好感。他没学历、没背景，却有才华、有相貌。显然，这又是一个富家女看上穷小子的经典案例。

在古代的话本小说和戏剧舞台上，这类超越门第和世俗的爱情屡见不鲜，且故事情节都惊人的相似：父母强烈反对，二人私定终身。如果说有什么不同的话，那就是古代文人总能给读者和观众带来一个皆大欢喜的结局：男的等来金榜题名，女的迎来洞房花烛。可当今社会，诱惑这么多，变化这么大，即便你是红拂，也未必遇到李靖，或者说你以为他会成为李靖，最终他没像李靖那样大富大贵、重情重义，反倒变成了陈世美，把你逼成秦香莲。

同样，黄女士的爱情故事在无情的现实面前也走了样。为了跟心上人在一起，她也上演了一出"红拂夜奔"：跟家庭彻底决裂，跟他结了婚，一起艰难创业，租房住，租摊位，到处借钱。她形容那段时间她都不记得自己是什么领导的千金了，只知道今天不奋斗，明天就得饿肚皮。她一直默默咬牙：我一定要跟老公闯出一片天，到时候让当初激烈反对的父母另眼相看。

然而，这个看上去既有相貌又有才气的穷小子，并未成为第二个李靖。他好高骛远又利欲熏心，干什么都没长性，干什么也干不好。

CHAPTER 1

为你揭开
爱情的真相

♥

当初他跟她在一起只不过是图她家的背景,后来觉得靠不上了,他又打算另飞高枝,前前后后跟不少女领导、女秘书、女老板打得火热。为此,她忍气吞声、忍辱负重。

在节目中,听她讲完这个心酸的故事,我问她为什么不放弃,她苦笑:"当初我拿青春赌明天,就这么放弃了,岂不血本无归?"她把爱情、婚姻乃至半个人生都当作投资,期望拍出一部美女识英雄的大戏,谁知,男主角选错了,剧情在不知不觉中演成了另一出,原本女人旺夫的励志剧成了嫁错郎的苦情戏。

一个人心中的爱情剧本不是一成不变的

一个人心中珍藏的爱情剧本,它有时候会随一个人的年龄、阅历、环境和心态的变化而变化,有时候会变得很消极,有时候也会由空想变得实际;有时候剧本会自己主动地修改,有时候也会被动地调整。

比如那个晶晶,在被第一个男友欺骗之前,她心中的爱情剧本是童话剧,期望遇到一个自己心仪的白马王子。她的第一个男友,从外表看貌似符合她对白马王子的想象,谁知梦想被现实所伤,痛不欲生的她开始修正自己的剧本。于是,童话剧便在她对男人的怀疑之下，不知不觉地转换成了悬疑剧。

我认识一对非常恩爱的夫妻，妻子吴女士跟我说，少女时代她做着神话剧的梦，期望轰轰烈烈爱一场，就像神话故事一样。结了婚，生了孩子，想法渐渐变了。如今，那个神话剧的本子早就被她抛掉了，跟丈夫相濡以沫、共度一生，成了她每天都上演的一出生活剧。

常常有女人抱怨自己命不好，总是遇到同样类型的坏男人，被他们欺骗，被他们伤害，再被他们抛弃。其实，怨不得命运，要怨就怨你自己心中那个珍藏许久的爱情剧本吧，它让你总是下意识地寻找同一类型的男人来扮演你所期待的那个男主角。除非你修改剧本，不然，你下一个遇到的男人说不定还是前任的翻版。因为你只对这种类型的坏男人感兴趣，好男人就只能跟你擦肩而过了。

如果你的爱情剧本有问题，需要及时修改或调整

一段感情能否长久，两人是否幸福，在某种程度上取决于男女双方关于爱情的剧本是否一致或接近。比如，童话剧中的公主和王子，生活剧中一起搭伴过日子的伴侣。如果一对恋人，彼此的剧本差别太大，就像在同一个舞台上演出不同的剧目，又像在同一屋檐

CHAPTER 1

**为你揭开
爱情的真相**
♥

下说着完全不一样的语言，日子肯定过不到一块儿！你想找个情投意合的女人一起奋斗，共同上演一出励志剧，对方却想找个大款当跳板，把爱情当交易，骨子里想拍一部阴谋剧，那自然是水火不容。

不过也有这样一种情况，就是夫妻俩三天一小吵，五天一大闹，床头打完床尾和，床尾刚和床头又打。外人看来很难长久的夫妻，却周而复始，年复一年。我认识一对夫妻，徐先生和周女士，他们俩是某研究所的，结婚十五年了，却一直伴随着无休无止的争吵。妻子性子急、脾气躁，偏偏爱上的丈夫也是个汽油桶，一点就着。妻子形容，每逢开战，就像两挺机关枪在互相扫射，他们的骂声好比子弹横飞，他们的家里就像硝烟弥漫的战场，最后不闹到鸡犬不宁、天昏地暗是绝不罢休。多少次，打扫战场，妻子都咬牙切齿要将离婚进行到底，可没过两个钟头，丈夫就嬉皮笑脸跑来认错，两人又好得像上个世纪60年代的中国和阿尔巴尼亚似的。但这股热乎劲还没过一天，关系又紧张得好似巴以之间。

我问妻子周女士他们为什么老吵，周女士一脸的愤怒："我们肯定是性格不合，八字犯冲。"那为什么一直离不了？周女士又一脸无奈："唉，我发现有时候还真离不开他。谁叫我们上大学时在一起，工作也分到一个单位呢，也许经历上有太多相似之处了，我们真是分不开。"末了，妻子喃喃自语起来："夫妻之间的关系有时候挺奇怪的，好起来那是亲密爱人，打起来瞪着对方就像面前站着一个你刻骨仇恨的敌人。看来，夫妻有时候就是一对最亲密的敌人。"而且，彼此好像还很享受这种唇枪舌剑、争风吃醋的过程。

在我看来，这对欢喜冤家能打得乐此不疲，双方对爱情或婚姻的某方面理解估计完全一致，那就是妻子所说的夫妻有时候就是一对亲密的敌人。所谓"不打不相识，不打不成家"，爱情对他们来说就是一场永不停止的战争剧，双方都很乐意在剧中分别扮演敌我双方，只要日子继续，战争就要继续。当然，这也有一个前提，那就是双方始终斗志昂扬，如果其中一方厌战了，这场战争剧就演不下去，这段婚姻估计也就走到了尽头。

在情感咨询中，经常会有年轻的男女问我：如何找到真爱、抓住幸福？我的建议：要梳理自己的爱情剧本。

我发现，在现实生活中总是找不到合适恋人的青年男女，往往会走两个极端：一种是不清楚自己到底要找什么样的人，换言之，他（她）不知道自己的爱情剧本是什么；还有一种则是固守着自己的爱情剧本，苦苦等候那个故事中的男（女）主角出现，如果没找到，宁肯剧本闲置，守株待兔，也绝不做哪怕一丝一毫的调整和让步。

先说前者的问题，不知道自己的爱情剧本是什么，不就等于从

CHAPTER 1

为你揭开
爱情的真相

♥

未有过爱情剧本？因为只要是个正常的人，无论男女，到了青春期都会对异性有好奇，有冲动，有想象。所谓想象，就是你爱情剧本的雏形。比如，你喜欢什么类型的异性？有没有对谁有过心动？他哪些特质最吸引你、打动你？你有没有想过你们俩的故事如何开始，怎么进行，最终会有什么样的结局？然后，根据你的剧本原型去努力寻找符合的那个人。不过这有个前提，那就是这个剧本必须是接地气的，符合你的客观条件，而且既不会给对方也不会给自己造成伤害的。

反之，如果你的剧本在你心中珍藏多年，一直被束之高阁，始终找不到合适的另一半来演；或者虽然剧本拍出来了，也多次上演，但让你很痛苦、很无奈，总是无法开花结果；或者即便走进婚姻，你也体会不到一丝爱情的甜蜜，那对不起，你这个剧本有严重的问题，需要及时修正和调整。用句时髦的话来说，就是你的剧本要做到"与时俱进"。

比如，前面提到的那位吴女士，本来是神话剧的忠实粉丝，她想找个像神话故事中那样的英雄跟她一起轰轰烈烈爱一回，可她的丈夫孙先生却一点都不浪漫。起先她对他并不感冒，但在相亲过后的实际接触中，孙先生的忠厚、稳重以及对她的一心一意，让她对原先的剧本渐渐起了修改之意。我记得她跟我说过这样一句话："与其继续寻找最完美的剧本和伴侣，不如珍惜并满足于当下。"如今，她的神话剧已彻底向生活剧转化,平平淡淡才是真便成了她新剧的主题。

同样,对那位把纯爱剧演成悬疑剧的晶晶来说,从头再来,即把变了味的悬疑剧再演回纯爱剧才是找到幸福的关键所在。丢掉怀疑,相信彼此,则是剧本调整的核心要素。

CHAPTER 2
你的不快乐，
别期望另一半来买单

不要走进

受害者的牢笼，

不要为

自己的不幸找借口，

一个人要学会为自己的成长负责。

一
婆媳不和的根源：
儿子娶了
跟妈一样的媳妇

强势的婆婆一定有个懦弱的儿子

在《女人不"狠"，地位不稳》一书中，我曾经花很大的篇幅讨论过强势女人的问题。作为一个男人，我一直持这样一种观点：女人在事业上可以强势，但在性格上不能太强势，更不能把这种强势带回家里，带到恋人或伴侣身边。女人太强势，婚姻准出事。女人过分强势，必然造成丈夫压力过大，严重者还会导致丈夫心理上乃至生理上的双重阳痿。

而且，女人强势对下一代的成长特别不利。最明显的就是强势的母亲特别容易培养出懦弱的儿子，这有两个原因：一是婚姻中两个性格同样强势的人很难过到一起。俗话说得好：一山难容二虎，哪怕一公和一母。所以，必然有一方强势，一方软弱。如果强势的一方是妻子,丈夫必然乖乖交权。长此以往,父权缺失必然会导致儿子无所适从,因为男孩成长的榜样来自父亲,如果父亲不作为,儿子自然也难成大器。二是强势的母亲往往喜欢大包大揽,在某种程度上剥夺了儿子的成长权,什么都由母亲做主,儿子在心理上很难"断奶",也很难真正成熟起来。

我曾经做过一期有关婆媳关系的节目,儿媳晴晴对婆婆总是干涉他们夫妻的事非常不满,大到结婚摆酒、工作安排,小到洗衣做饭、收拾房间都要指指点点。婆婆跟他们住在同一屋檐下,经常侵犯小两口的隐私。据晴晴透露,早晨七点还不到,婆婆就闯进他们的卧室,喊儿子起床上班。当时两人还衣衫不整地躺在被窝里,特别尴尬。有一次她从香港出差回来带了一些高档化妆品,摆在自己的梳妆台上,都被婆婆偷偷用过。还有一次,晴晴下班回家,发现婆婆竟然

CHAPTER 2

**你的不快乐，
别期望另一半来买单**

♥

在她的卧室里翻箱倒柜，说内衣不见了，婆媳俩当场吵了起来。有时候家里吃完晚饭，她因为接了个电话，还没来得及收拾的碗筷就被婆婆洗好了，但却从此落下了埋怨，婆婆经常在儿子面前说晴晴"不勤快，脾气大，难伺候"。

现场我问婆婆，这么大年纪了，干吗不颐养天年，还要管这么多？婆婆慨叹：不放心啊！儿子长到二十八岁结婚没跟妈分开过，什么事都听妈的，都得妈做主！我明白了，婆婆所谓的不放心，与其说是针对儿媳的，不如说更不放心她的宝贝儿子。从根儿上说，儿子就没断奶！在某种程度上，儿子小冬就是一个不折不扣的"奶嘴男"。

"奶嘴男"是怎么形成的？都是男孩在成长过程中，父亲大权旁落，母亲大包大揽的结果。有意思的是，这类"奶嘴男"有较为严重的恋母情结，将来结婚也喜欢找跟母亲一样强势的媳妇，结果两个同样说一不二的女人碰在一起，谁听谁的？谁又服谁？这也是婆媳不和的根由：强势的婆婆一定会有个懦弱的儿子，懦弱的儿子一定会娶个跟母亲性格一样的媳妇。

我认为，中国的婆媳关系普遍紧张，根子是出在婆婆这里：你太强势，儿子必然懦弱而无担当！你对媳妇不满，其实跟媳妇无关，谁叫你培养出这种儿子？他肯定会到外面去找跟你相似的第二个"妈"回来！换句话说，强势的母亲一定会造就出一个有着强烈恋母情结的儿子,这个儿子长大后找的媳妇一定是母亲的翻版。你看不惯媳妇,不是因为她跟你过不到一起,也不是因为她挑唆你们母子的感情,只是因为你们俩实在太像了!对方就像一面镜子,照出你的种种让人难以忍受的缺点。

反之,丈夫阳刚,妻子温柔,生出的儿子一定像父亲一样有责任、有担当,将来娶的媳妇一定会像母亲那样温柔贤惠。两个温柔的女人碰到一起,自然比两个悍妇要容易相处得多!那期节目,我还见到了一对模范婆媳,都是一样的柔情似水,一样的笑颜如花。一看,母亲就不强势;一问,儿子也不恋母,反倒很成熟、很能干。媳妇和婆婆一样都是通情达理之人,当然这小日子就过得红红火火的,这对婆媳还被所住的居民小区评为模范婆媳呢。

被母亲溺爱的男孩,很难学会成为独立的男人

可见,有什么因就有什么果,因在父母那里。如果母亲不强势,就不会引出后面一系列问题。但是我在《男人是野生动物,女人是筑巢动物》一书中提出过这样一个观点:女人的强势有时候是被男人逼出来的,如果男人有责任、够担当,会疼老婆、哄老婆,哪个女人不想小鸟依人?反之,如果男人不负责任、不讲信用、不守规矩,小鸟依人也会慢慢变成河东狮吼!当男人不能尽到丈夫和父亲的责任时,

CHAPTER 2

你的不快乐，
别期望另一半来买单

♥

做女人的为了孩子，为了这个家，只好眉毛胡子一把抓。所以，做妻子和母亲的过于强悍，做丈夫和父亲的起码要负一半以上的责任！

在晴晴婆婆这个家里，公公的角色是弱化的，那天节目只见婆婆、儿子、儿媳三人，不见公公，我还以为公公早就不在了，其实不是。据说婆婆看不起公公，公公是工人出身，很早就下岗了，家里的生计基本靠婆婆开小卖部来维持，儿子小冬上大学的费用都是婆婆独自承担的。所以，婆婆的强势似乎顺理成章，因为是婆婆，而不是公公撑起了这个家。

晴晴告诉我们，小冬对他妈妈特别孝顺，也特别听话。他常说这样一句话："没有我妈，就没有我的今天"，反倒对自己的爸爸不太瞧得上，觉得他"太窝囊，没本事"。其实，这也是强势女人家里普遍的情形：母亲身兼二职，又当妈又当爹的。父亲要么过早离世或夫妻离异，要么像小冬的爸爸那样难撑大局。儿子在心理上依赖母亲，远离父亲，长久依赖的结果就是儿子身上阳刚的一面越来越少，也越来越晚熟，而且言谈举止很"娘气"。所以，小冬变成"奶嘴男"也就不奇怪了。

提醒一些女性，如果你嫁的丈夫是这种对妈妈言听计从的"奶嘴男"，你除了是他的妻子之外，还要承担当他第二个"妈"的职责，在婆婆不在的时候，很多事情你要帮他拿主意。他不是成心要找个第二"妈",而是潜意识里带来的。为什么当媳妇和母亲吵架时,这类"奶嘴男"丈夫大多会选择沉默或逃避?一是,他潜意识里是当成两个妈在吵架,他是儿子,妈妈吵架他哪能做得了主?只好躲在一边。二是,他从小就是母亲眼中的乖宝宝,对母亲除了顺从和听话,他从不敢说个"不"字,所以别期望你跟婆婆吵架时他会帮你说话。即便他把你当成第二"妈"来看待,对不起,那你也是"二妈"!

很多婆媳不懂得这样一个道理:她们合不来,是因为骨子里她们是一样性格的人!

那对婆媳很有意思,表面上看婆婆是小市民出身,很俗;媳妇从小锦衣玉食,很潮。但在性格脾气方面,我几乎怀疑两人乃一对母女:都是一样的大嗓门,一样的倔脾气,一样的说一不二,一样的喜欢发号施令,一样的喜欢做男人的主。难怪小冬会形容,在家里他有种"一仆二主"的感觉,两个女人都太强势了,吵起架来"就像两只母老虎在发威,他只好抱头鼠窜"。

被母亲溺爱长大的男孩,最大的问题就是缺少担当,缺乏对女性由衷的体贴和尊重。因为他没有学会成为一个独立的男人,他只知道依赖母亲,或者依赖别的女人。一旦遇到问题,他就会像个缩头乌龟一样躲起来。

CHAPTER 2

你的不快乐，别期望另一半来买单

♥

小冬就是这样一个男人。晴晴告诉我，每当婆婆跟她一吵架，小冬就会干两件事：要么躲在一边不吭气，要么干脆消失不见。而且小冬还经常火上浇油，比如，婆婆对她的很多不满都是小冬转告她的，大概婆婆经常在丈夫那里"嚼舌根"。而当她有什么诉求，希望小冬转告给他的母亲时，小冬却无动于衷，而且总爱挂在嘴边这样一句话："我妈把我养大多不容易，你就多体谅体谅她吧。"这也是让晴晴非常寒心的一点，小冬心里只有老妈，没有老婆，他从未说过让婆婆体谅自己的话。结果婆媳矛盾愈演愈烈，晴晴一度想到了离婚。

晴晴所遇到的婆媳关系，在中国非常典型和普遍：婆婆厉害，儿子恋母，儿媳也不是什么省油的灯。婆婆感觉家里的地位被另一个女人替代，心有不甘；媳妇觉得我跟我老公过日子，凭什么外人总是指手画脚。双方各执一词，不肯相让。

解决婆媳矛盾的关键：儿子要断奶，母亲要放手

历来，在处理婆媳矛盾上，容易出现两个错误：

一是，仅仅把婆媳关系看成二元对立的关系，而忽略了儿子（丈夫）在其中的位置。所谓"婆媳不和"，矛盾的焦点是儿子（丈夫）。在那期节目中，晴晴坦承：她跟婆婆争吵不休，核心是争夺家里的那

个男人。在我看来,婆媳关系其实是三角关系,两个女人争一个男人。

二是,每当婆媳闹得不可开交的时候,我们总是一味强调做儿媳的要孝顺、要忍让、要大度,却对婆婆网开一面。结果儿媳越退让,婆婆就越嚣张,这也是自古以来"恶婆婆"总是远远多过"刁媳妇"的原因。问题的关键,不是儿媳对婆婆是不是尊重的问题,而是母亲不肯对儿子放手。母亲过分依恋儿子,必然导致儿媳变成婆婆的眼中钉、肉中刺,这也是婆婆总是看不惯儿媳的原因所在,她觉得是另一个女人夺走了自己的宝贝儿子。所以,我主张:婆媳不和,儿子首先要学会调整心态;其次,婆婆要反思自己是不是过分"恋子"。这两个问题解决不好,调节婆媳关系治标不治本!

因此,解决婆媳矛盾,我有三点建议:

第一,儿子先要断奶。

我所说的这种"断奶",指的是心理上的断奶。前面提到,婆媳不和多数是两个强势的女人之间夹着一个懦弱的男人。这个男人一直在母亲的羽翼下战战兢兢、如履薄冰,在心理上根本没长大,即便结了婚也等于又找了一个"妈"。一个男人要想承担责任,必须从对母亲过分的依赖和顺从当中挣脱出来,否则就不是一个真正的男人。如果一个男人连自己的老婆都维护不了,有什么资格去为人夫?

CHAPTER 2

你的不快乐，
别期望另一半来买单

♥

人们常说，好男人是双面胶，聪明的丈夫是两头瞒，只有愚笨的男人才是两头传。这些智慧也好，技巧也罢，要想掌握需要一个前提，那就是他必须是成熟的男人，而不是母亲眼中的乖宝宝。很多"奶嘴男"总是拿孝顺作为挡箭牌，我想正告他们：无原则的听话和顺从不是孝顺，是对男人该承担的责任的一种逃避，更是对老婆的伤害。如果你只会听妈妈的话，不考虑老婆的感受，你根本没资格结婚！

第二，母亲要学会放手。

天下没有一个母亲不疼自己的儿子。但凡事有个度，过分的呵护和干涉会使儿子心理不成熟，精神不健全。做母亲的要懂得：这个世界上所有的爱都是以聚合为主，只有父母对儿女的爱是以让他们尽早地独立为目的。独立得越早，对孩子的成长越有利。你再爱他，他终究也是要过自己的生活。过分干涉孩子，等于禁锢他的人生，扼杀他的快乐。

很多母亲错误地认为，对儿子一味地给予是种关爱，殊不知这种爱往往会给孩子造成极大的心理负担，甚至是造成悲剧的罪魁祸首。

建强今年三十三岁，在众人眼中他是好同事、好丈夫、好父亲。然而，就是这样一个"三好"男人，却因婚外恋差点逼得老婆自杀。

原来，建强的这种好是"装"出来的，他一直不快乐。两岁时父亲就去世的他，是由母亲抚养长大的，母亲对他倾注了全部的爱，目的只有一个：希望儿子出人头地。建强从小学习就很刻苦，成绩也很优秀，后来如愿考上了清华，又读了研究生，毕业后分配到一家大型国企上班。可以说，他走过来的每一步都浸透着母亲的心血。

建强也是个孝顺的孩子，对母亲的意志从未忤逆。中学时，他喜欢画画，本来想报考美术院校，但母亲觉得学艺术没出息，还是学理工更保险，他顺从了。大学二年级，他喜欢班上一名女生，但母亲告诫他：学生时代谈恋爱，多是有花无果，要集中精力学习，不要在此浪费精力，他又一次"乖乖听话"。毕业后，他想跟几个同学合伙开公司、自主创业，母亲又发话了：自己当老板风险太大，还是进大企业保险，他依然只有点头的份儿。最让我想不到的是，结婚这样的终身大事也由不得他做主，他的老婆是母亲托人介绍的。他不喜欢那个女人，但只要母亲喜欢，他也无话可说。

婚后，他跟老婆还真到了"无话可说"的地步，因为两人之间的共同语言太少：老婆学历不高，中专毕业，是个护士。但母亲却对她很满意，认为"女子无才便是德"，只要会持家、懂事理就行。这个护士出身的老婆还真把建强伺候得不错，也孝敬婆婆，没过两年还给他生了个大胖小子。但不知道为什么，建强就是不喜欢她，觉得她太唯唯诺诺，太没个性。

CHAPTER 2

你的不快乐，
别期望另一半来买单

♥

后来，他们单位新招了一个女研究生，活泼开朗，聪明伶俐，建强很快就爱上了她。老婆知道了这件事，差点寻死觅活，但建强不为所动，他想到了离婚。这个时候，母亲又站出来强烈反对，但这回建强不再顺从了，而是坚持己见。在向我咨询时，这个外表看上去一直很乖的好男人简直跟过去判若两人："我真的难以忍受跟自己不爱的女人生活一辈子，我会疯掉的！我承认那个女人对我很好，但我不爱她，我当初娶她完全是因为我妈，是我妈喜欢她。从小我就听我妈的话，什么都听她的，包括求学、兴趣、工作、恋爱，我觉得这三十多年我只为我妈而活，我从来不知道我是谁。直到我遇到她，我才发现我是一个活生生的男人！这回我不想再听我妈安排了，我要为自己好好活一回！"

这简直是一场悲剧，悲剧的根源来自他的母亲。一个三十多岁的大男人从小就被母亲的意志绑架了，他只是个没有自我的孝子，不是一个能够把握人生方向的成熟男人。从这里可以看出，母亲对儿子的不放手会酿成多大的祸端。其结果，既害了儿子，也害了媳妇。当然，也让自己痛不欲生。因此，母亲要学会让儿子独立地成长、独立地决断、独立地生活，这才是对儿子最大的爱！

第三，媳妇要学会尊重婆婆。

怎么个尊重法儿？就是要保持一定距离。很多做儿媳的不懂这个道理，认为我像对母亲一样跟婆婆亲，就是对婆婆好，结果往往事与愿违。因为婆婆不是你的妈妈，你在妈妈面前可以撒娇，可以撒气，甚至可以撒野，在婆婆面前行吗？绝对不行！因为你不是她身上掉下来的那块肉。所以，美国著名情感心理学家约翰·格雷总结：男人来自火星，女人来自金星。我再加一句：婆婆来自木星。

古人用"相敬如宾"来形容相爱的夫妻，我觉得用它来描述夫妻关系并不准确，而用在和睦的婆媳身上倒很贴切。比如，我太太跟我母亲就一直相处很愉快。秘诀就在于，大家不住在一起，彼此客客气气。当然，也和我从小跟爷爷长大，跟父母不是很亲有关。这样我反倒不会恋母，母亲也不恋子，有时候母亲要了解我的想法还要问我太太。坏事变好事，我跟我妈不算很亲，我太太反倒跟我母亲关系不错，但也是保持一定的距离，彼此相敬如宾。

为此，在那期节目里，我提出了一个媳妇跟婆婆相处的"不三不四"原则：所谓"不三"就是"不张扬，不挑剔，不冷淡"，"不四"指的是"不要把婆婆当外人，不要把婆婆当男人，不要把婆婆当妈，不要把婆婆当老妈子"。总之，温柔相待，有礼有节。如果实在跟婆婆的关系处理不好，要么跟婆婆保持距离，要么让你的老公协调解决。

别跟婆婆走得太近，也别跟婆婆走得太远，这就是婆媳和谐的相处之道。

二
儿时对父母的不满，长大后会转嫁给伴侣

我们寻找恋人，潜意识中是拿父母作为模板

在亲密关系当中，父母是我们人生的第一个老师，也是最重要的榜样。我们的择偶标准，我们跟伴侣如何相处，甚至我们未来的家庭模式，都在潜意识中受到父母的影响。

欣欣和大成是一对大学时代的恋人。欣欣皮肤白白的，眼睛大大的，一头乌黑的秀发遮住半边脸，绝对会引起无数男人的遐想，是校园里标准的美女。大成个子不算高，样子不算帅，为何偏偏是他俘获了美女的芳心？在演播室现场，我一直在心里嘀咕。

这也同样引起了主持人的好奇。欣欣笑了："大学时代追我的男人很多，有校内的，也有校外的；有大款，也有帅哥。可我对大

款和帅哥都没兴趣。"在众多追求者中，虽然大成并不起眼，但他的稳重诚实吸引了她。"他学习刻苦，为人低调，不招蜂惹蝶，让我有安全感。"

两人毕业后都留在了北京，一个在外企上班，一个进了国营单位。一年后，他们结婚了。婚后，两人矛盾渐显。按照大成的说法，欣欣总是无缘无故跟他吵架。到了婚后第二年，大成因为在单位表现出色提了科长，但经常要加班，还老出差，彼此之间的争吵就越来越多。欣欣对老公似乎也越来越不放心，翻他手机，进他邮箱，甚至有一次一个女同事打来电话，欣欣不仅替大成接了，还问这问那，让大成非常恼火。还有一次，大成在郊区开会，两天不回家，欣欣不放心，竟然一个人开车跟踪到了会议所在地，被大成单位的同事看到了，传为笑柄。这让大成忍无可忍，于是提出了离婚。

CHAPTER 2
你的不快乐，
别期望另一半来买单
♥

在演播室现场，主持人问欣欣为什么要这么做，难道是担心老公有外遇吗？

"我知道他不是那样的男人，可我忍不住。他只要加班，只要出差，我就胡思乱想。我害怕！"

"你害怕什么呢？"

"我害怕他像当年我爸爸那样抛下我们一家不管！"

在我和主持人的追问下，欣欣告诉我们，她的童年一直有个很大的阴影，就是被父亲抛弃。

欣欣的父亲和母亲从前也是大学同学。年轻时，父亲帅气，母亲温婉，被众人称为"金童玉女"。毕业后，父亲也在一家国营单位上班，一开始两口子虽然日子拮据，但也其乐融融。没多久女儿欣欣出生，更给这个三口之家带来了无尽的欢乐和笑声。

大概是为了让母女俩过上更好的生活吧，欣欣的父亲辞职下海了，后来生意越做越大。但欣欣并不开心，因为父亲每天下班的时间越来越晚，回家的次数越来越少。再往后，欣欣就经常看到爸爸妈妈吵架，妈妈痛哭，好像爸爸在外面有了别的女人。到欣欣上小学三年级之后,欣欣就基本看不到父亲的身影了。一年后,父母协议离婚,欣欣跟着母亲过,父亲从此杳如黄鹤,再无踪影。

"我恨他!是他毁了这个家!"欣欣暗暗发誓,将来绝对不找像父亲这样的男人。这也就为欣欣在大学时代拒绝大款和帅哥的追求找到了答案:那些人会让她想起不负责任的父亲。而大成的稳重和低调则跟她父亲截然相反,似乎能让她避免重复童年的悲剧。

过去,亲子关系和两性关系被一直认为是两个完全不同的领域。其实,二者密不可分且相辅相成。在某种程度上,两性关系是亲子关系的延伸和复制,反过来又影响亲子关系。比如,我们的择偶标准就深受父母的影响:倘若父母给了我们足够的爱和安全感,我们在潜意识中就会将父母作为择偶的模板,并按照这个原型去寻找恋人。比如,上文提到的婆媳不和就跟这个有关:过分恋母的儿子,长大后都按母亲的标准来择偶,也就特别容易找到跟母亲类似的媳妇。

美国前总统克林顿和太太——曾任国务卿的希拉里,他们的关系一直被外界传为佳话。按照克林顿自己的说法,希拉里的睿智和干练像极了他的母亲。克林顿很爱自己的母亲,他是按照母亲的标准找到希拉里的。当年克林顿出轨,跟白宫女实习生莱温斯基搞在了一起,让全世界瞠目结舌。后来,克林顿坦承:莱温斯基身上风骚、

CHAPTER 2
你的不快乐，
别期望另一半来买单
♥

妩媚的一面也跟他母亲很像。换句话说，希拉里和莱温斯基分别代表了克林顿母亲两个不同的侧面，克林顿娶老婆、找情人，都是以母亲为原型的。

如果对现实中的父亲不太满意，女孩子就会幻想出一个理想的父亲

倘若父母给我们的爱太少，我们也会参照这个原型去寻找将来的另一半，只不过男女参照的原型正好相反。如果你是个女孩子，你仔细想想，你从小的梦中情人，要么可能跟你的爸爸很像，要么可能截然不同。总之，跟你的爸爸有着千丝万缕的联系。如果你是男孩子，你的妈妈也将深深地影响你的择偶标准。

前面提到过，每个人都有两对父母，一对是现实的父母，另一对是理想的父母。现实的父母就是每个人的爸爸妈妈，理想的父母则存在于想象中。小时候，如果我们对现实的父母不满意，就会在脑海中虚构出完美的父母形象。渐渐地，这个理想而又完美的父母形象会成为我们的择偶标准。如果父母对我们很好，让我们感觉很幸福，我们心中理想父母和现实父母的形象就会重合，将来我们找的另一半就会和父母很像。对女孩子来说，如果对现实中的父亲不太满意，或者父亲不太爱她，或者很早失去父亲，她就会幻想出一个理想的父亲疼她、爱她。进入青春期，这个理想中的父亲形

象，就会慢慢转化成她的梦中情人和择偶标准。男孩子也是一样，他会按照理想中的母亲形象找媳妇。

在民国著名才女林徽因的感情世界中，一直为后人所津津乐道的是：她当初为什么不选择风流倜傥，在文学上可以成为她引路人的大诗人徐志摩，反倒嫁给书呆子气比较重的建筑家梁思成？

在20世纪上半叶的众多美女淑女才女中，我尤钟情于林徽因。如果说，张爱玲是以文字立身，对林徽因来说，则是以身世个性而传奇。她明眸善睐、秀外慧中；她曾旅英留美，深谙东西方艺术之真谛；她兼具中西之美，既有大家闺秀的风度，又兼备中国传统女性所缺乏的独立精神和现代气质。

胡适称她为那个时代的"第一美人"。的确，她的美貌无双，她的气质高华，乃至她的洒脱个性和多样才华，无论是在当时，还是在半个多世纪后的今天，都可谓倾倒众生、芳名永存。这其中，一位大诗人为她离了婚，一位哲学家因她终身不娶，还有一位建筑家与她相濡以沫、一生相伴。

自古才子配佳人，更何况徐志摩又是那样的才华横溢、风流潇洒。应该说，徐志摩对林徽因的影响还是很大的，他是林徽因文学道路上的导师和知音。林徽因曾对她的子女们亲口讲过，徐写过很

CHAPTER 2

你的不快乐，
别期望另一半来买单
♥

多诗送给她，其中最脍炙人口的当属那首《偶然》。

那么，林徽因为什么没有选择当时早已在文坛赫赫有名的这位大诗人，反倒嫁给当时还名不见经传的毛头小子梁思成呢？仅仅是因为徐早已是有妇之夫吗？还是我在前面提到的他并不是她的梦中情人？

问题似乎没有那么简单。

不错，与林徽因相见之时，徐志摩已是一个两岁孩子的父亲，而林徽因却只是个穿着白衣、相貌纤秀的十六岁少女。从他们相遇的那一刻开始，她就成为诗人心里永恒的素材，一个被诗人无数次理想诗化的女子，一个脱离了现实只存在于梦幻之中的女子。徐志摩疯狂爱上了她，为她写了无数动人心弦的情诗，甚至为了迎娶他心目中的这位女神，他向当时的原配夫人张幼仪提出了离婚。

作为父亲的林长民，竟然也默许了徐志摩对自己女儿的这份恋情。当然，这不仅仅是因为徐是他多年的好友，更主要是他对徐才华的欣赏，他似乎已浑然忘记了自己早已把掌上明珠许配了当时的一代大儒梁启超的公子——梁思成。

当然，不能说林徽因对徐志摩一点感情都没有，对于大诗人的才华，她是由衷的佩服。不过，对比大诗人的狂爱，她却有着超乎寻常的理智。徐志摩的浪漫与飘逸是她所向往的，但也是她无法把握的，以至于自己无法焕发出同样的激情去应和。最终，她没有像同时代的丁玲、石评梅那样：从追求自由的爱开始，然后又为爱所困。

那么，她的这份理智从何而来呢？我认为，这跟她不太幸福的童年有关，尤其跟他父亲林长民的三次婚姻密不可分。

据记载，林长民结过三次婚。在杭州读书时，娶叶氏为妻。叶氏去世后，林长民娶了何雪媛，她是林徽因的生母。何雪媛生过好几个孩子，但只有林徽因活了下来。林徽因八岁那年，林长民又从福建娶了第三个妻子程桂林。程桂林生了好几个子女，赢得了全家的疼爱。母亲的不得志，让林徽因又叹又怨。小时候，她跟着母亲住在后院的小房子里，静静的，总是期盼着父亲的到来。林长民的缺席，使得幼年的林徽因常常感到寂寞。不过，林徽因还是凭借自己的聪明伶俐和与生俱来的才气，赢得了林长民的喜爱。林长民曾感叹："做一个天才的女儿的父亲，不是容易享的福，你得放低你天伦的辈分，先求做到友谊的了解。"

应该说，林徽因的才情、禀赋乃至个性，在一定程度上，都来自于父亲林长民。林长民是民国初年闻名士林的书生逸士，又是倡言宪政、推进民主政治的著名政客，还担任过当时北洋政府的司法

CHAPTER 2

你的不快乐，
别期望另一半来买单

♥

总长。从林徽因十五岁开始，父亲又带她到欧洲游历了三年。在欧风美雨的浸淫下，一个不同于传统风范的现代知识女性初具雏形。

父亲如此钟情她，如此栽培她，按理说，女儿应该非常感激、非常爱戴、非常敬仰自己的父亲。但大概是童年曾被冷落的阴影太过强大了吧，即便后来跟父亲形影不离，林徽因的心中依然隐含着对父亲的一丝怨恨。

林徽因写过一个短篇小说叫《绣绣》，讲的是一个小女孩绣绣，跟着母亲一起过活，日子很苦。母亲生了五六个子女，都不幸夭折。绣绣的爹爹徐大人虽然阔绰，却另外养了家眷在别处，对绣绣母女很是苛刻。姨娘专宠，绣绣和母亲失去了父亲的爱，病了也没人管。她也渴望得到爹爹买给姨娘的钟，还有爹爹的狗。小说的结尾，绣绣的爹爹来要地契，母亲不给，爹爹一怒之下，砸碎了绣绣刚用皮鞋换来的两只小花瓷碗。

故事当然是虚构的，可是熟悉林徽因成长经历的人都不难看出个中端倪：小说的主人公"绣绣"，不就是林徽因的化身吗？父亲有了姨太太，母女寄人篱下，秀秀孤苦伶仃，病了也没人管。小说开头，绣绣用皮鞋换来的两个花瓷碗，在故事的结尾也被父亲摔破了，它象征着美好童年的破碎。林徽因很少提及自己的童年，但在小说《绣绣》中，她的童年体验却展露无遗。她和父亲的关系是那样纠结，既有爱，也掺杂着一丝恨意。

在这里，我们似乎能够找到林徽因弃徐志摩而就梁思成的心理根源：骨子里她对父亲不满意。徐是父亲的多年好友，而且徐身上的风流多情还跟父亲很像，今天徐可以为了她抛弃发妻，说不定明天又为了另一个女人不要她。童年被父亲忽略的阴影一直在潜意识里折磨着她，让她不愿找跟父亲相像的男人。梁当时还是个学生，一张白纸简单明了，且为人稳重厚道，他的性格秉性无论跟徐还是跟父亲都大异其趣。显然，林徽因对现实的父亲不满，她要找寻一个对她终生都不离不弃的"父亲"。徐跟她现实的父亲很像，被否决；梁跟她理想的父亲接近，被接纳。

林徽因，这个徐志摩穷其一生追求的奇女子，终究没有许给徐志摩一个未来。她的成长背景，她跟父亲的关系，都促使她作出最明智的选择：在浪漫洒脱的诗人与稳重儒雅的建筑学家之间，她选择了后者。

不得不说，林徽因是个很有智慧的女人。且不说诗人的浪漫天性，让徐志摩后来又移情别恋爱上了另一个大美女陆小曼，单说林徽因和梁思成的结合，在当时可以说是新旧相兼、门第相当。他们在婚前既笃于西方式的爱情生活，又遵从父母之命所结的秦晋之好，被后人认为是可以媲美李清照、赵明诚的最令人艳羡的美满婚姻。《林

CHAPTER 2

你的不快乐，别期望另一半来买单

♥

徽因传》里有一个非常贴切的比喻："如果用梁思成和林徽因终生痴迷的古建筑来比喻他俩的组合，那么，梁思成就是坚实的基础和梁柱，是宏大的结构和支撑；而林徽因则是那灵动的飞檐、精致的雕刻、镂空的门窗和美丽的阑额。他们是一个厚重坚实，一个轻盈灵动。他们的组合无可替代。"

欣欣选择大成，跟林徽因嫁梁思成很像。欣欣对现实的父亲非常不满，哪怕他的有钱帅气也成了一宗罪。而大成身上体现出的一个男人的责任感，无疑是欣欣理想的父亲形象。这也是她肯接受他、嫁给他的最重要的原因。

你的伴侣不可能永远扮演你的理想父母形象

在恋爱时，我们都期望对方扮演自己理想中的父母形象，然后把自己变成小孩子，好体验那种无条件的爱。第一章提到，热恋中的我们好似被下了蒙汗药一般，把对方想象成自己的梦中情人。然而，药效一过，我们就如梦初醒，感觉对方好像变了一个人。这时候的婚姻往往有个坎儿：婚前，恋人也许会扮演你的理想父母，满足你的全部需要，但他不是你的理想父母，他毕竟是另外一个独立的人；婚后，距离没了，矛盾多了，他身上的光环效应会渐渐褪去，他的缺点和不足会暴露得越来越多。

而且，在理想父母面前，一个人对现实父母的不满会全部发泄出来。对于这些不满，有些对方可以帮你分担，有些对方则难以忍受。比如，欣欣查丈夫电话，进丈夫邮箱，就是把这位理想的父亲当成了现实中的父亲，害怕丈夫像当年父亲背叛母亲一样背叛自己。

而她跟大成吵架，也是小时候跟父亲吵架的重现：从前，欣欣一直是爸爸的掌上明珠，每次爸爸下班第一时间就过来抱欣欣、哄欣欣；后来，爸爸忙了，在外面有了其他女人，就很少回家，偶尔回来也只顾着跟妈妈吵架，而忽略了宝贝女儿，欣欣只好用哭闹来吸引爸爸的注意，只有这样，爸爸才会想起她来。婚后，欣欣之所以频频跟大成吵架，是因为她在潜意识中认为，吵架跟当初的哭闹一样，也可以赢得忙碌的丈夫对她的关注。

在演播室现场，我告诉大成：欣欣查你电话也好，跟踪你也罢，不是怀疑你，而是她的潜意识在作怪。她担心爸爸外面有女人、爸爸不要她的悲剧再度在你身上重演，这跟你大成表现如何没有关系，哪怕她找了张三李四做老公，她也一样会这么干。

听了我的分析，大成终于释然。原来，欣欣的很多做法不是针对他，而是针对抛弃她的父亲。当初她选择他，是因为他符合她理想的父亲形象。婚后，她对他"无理取闹"，是因为她把对现实父亲的种种不满转嫁到了他的身上。不是欣欣故意要这么做，而是童

CHAPTER 2

你的不快乐，
别期望另一半来买单
♥

年被父亲抛弃的伤害实在太大，迫使她在其他男人身上寻找失去的父爱；同时也是一种宣泄，宣泄对当初父亲抛弃她的全部怨恨。

对大成来讲，既要明白妻子的这种反常举动不是针对他，而是针对过去未愈合的伤痛，还要继续给予她无微不至的爱，而不是反过来去攻击她、嫌弃她。

在我的劝说下，夫妻俩很快和好了。节目录完三个月后，我收到了欣欣的邮件，她告诉我丈夫更加理解她、疼爱她了，她不仅再也不去查他的电话，对父亲的恨也在慢慢消失……

我在给欣欣的回信中这样写到：童年缺爱的女孩或男孩，择偶时都有一种期待。什么期待呢？期待未来的另一半是跟现实父母完全不同的理想父母，他（她）能带给我们无条件的爱，弥补我们在现实父母那里没能获得的幸福。但期待不等于现实，他再像你的理想父母，也不可能永远扮演你的理想父母形象，毕竟他是另一个独立完整的人，他也有他的情感，他也有他的需要，他也有他的弱点。这个世界上没有任何一个人是活在你的想象中，这个世界上也没有任何一个人会是你的救世主，不要期望你的恋人或伴侣是你的拯救者，谁也别期望另一个人来为你童年的不幸买单，这个世界上能救你的只有你自己。

在亲密关系中，我们每个人都在心中埋藏着一个梦想：对童年幸福的男女来说，恋爱结婚是希望延续童年的幸福；对童年不太幸福的男女来说，恋爱结婚是希望改变童年的不幸。无论你当初选中的是怎样一个"理想的父母"，那只是你的一种想象或者错觉。或许，对方真的非常符合你心目中的"理想父母"形象，但他毕竟是另一个人，他的家庭背景、成长环境、性格秉性都跟你不一样。终有一天，我们会恍然大悟，对方不是我们当初想象的那样。

对欣欣来讲，要想维系跟大成的感情，就不要再把他当成理想中的父亲来看待了，也不要把过去对父亲的怨气撒在他身上了，他承受不起，他也不应该承受！他上辈子没欠你，没必要替你父亲来还债，这样对他不公平！要把他当成一个正常的男人来对待。

什么叫"正常的男人"？他有自己的世界，他有自己的喜怒哀乐，他有时候也会像孩子一样无助。夫妻关系，不意味着一方需要靠另一方来拯救、来滋养、来补偿，而是要经历一个相互学习、相互帮助、相互成长的过程。两者是既互相依赖又彼此独立的。只有这样，感情才是平等而又长久的。其实，不光欣欣对大成是这样，林徽因在嫁给梁思成以后，也经常无缘无故跟丈夫吵架，幸亏梁是个好丈夫，总是无条件地忍让她、呵护她，迫使林徽因不停地反思自己，调整自己的急脾气，由此终于找到了夫妻相处的成功之道。

CHAPTER 2
你的不快乐，
别期望另一半来买单
♥

其实，欣欣的问题不是个案，对于童年没得到父母太多关爱的人来说，都会不由自主地想在亲密关系中寻求伴侣的安慰。拿我来说，从小在爷爷家住了三年，后来回到父母身边，又赶上父母闹离婚，母亲强势而又暴躁的性格曾经让我非常痛苦，后来我找女友一度以脾气好作为衡量的第一标准，我特别受不了那种暴脾气的女人。

我记得曾经交过一个女朋友，她哪儿都好，就是性子急、爱发火，当她第二次冲我嚷嚷时，我就毫不客气地跟她提出了分手。我的太太当初吸引我的，除了气质高雅、知书达礼之外，她的温婉娴静是最打动我的地方，这也是跟我母亲最不一样的地方。

对于我的择偶心理，我一直不明就里，后来研读了心理学才茅塞顿开：原来，我是因为接受不了现实的母亲暴躁的一面，所以就对温柔的女子颇为心仪，这不就是我理想中的母亲形象吗？太太跟我在一起这么多年，一直关心我、理解我、支持我，不过她有时也会善意地提醒我："别把对你妈妈的不满发泄在我身上，我可不是你第二个'妈'啊！"其实，我没有刻意这么做，但太太却深深感受到了，这是一种无意识。看来，要想疗伤，不能靠伴侣，只有靠自己。

三
如何面对童年的遗憾？学会宽恕吧

跟伴侣相处时间越长，越会不自觉地浮现出童年的影子

娟子，二十九岁，电视台的资深女主播

娟子外表看上去不算非常艳丽，但绝对属于那种气质高华、落落大方的知识女性。二十九岁的她跟男友已同居八年，结婚至今仍未提上她的议事日程。不是男友不肯娶，而是她不想嫁。

她恐惧婚姻。她跟我形容，童年时父母经常争吵和冷战的画面，就像经典影片一样深深地印在她的脑海里，挥之不去。在她跟男友的同居生活中，也充斥着无休无止的争吵和冷战，一如她的父母。她害怕跨进那道坎儿，她怕自己重蹈覆辙。"就这样挺好，无拘无束，无牵无挂，想怎么样就怎么样，何必非要受那张纸的束缚？"美好的婚姻生活对她来说，是个遥不可及的梦。她既不憧憬，也不期望。

倩倩，三十四岁，广告公司女老板

倩倩是一个女老板，这些年来她独自打拼，艰难创业，终于有了一家属于自己的广告公司。目前，客户不仅遍布内地，还扩展到了港台及东南亚地区。在事业上，她傲视群雄；在感情上，她却伤痕累累。三十四岁的她至今未婚，先后谈了五次恋爱都无疾而终，是遇人不淑，还是缘分未到？都不是。

她坦承是她自己的问题："我心里有个壳，从未打开过。男人越走近，我就越关闭；男人越爱我，我就越退缩。"

原来，小时候，她的父亲经常出差在外，母亲一个人带着三个孩子独自在家。"我妈很爱我爸，非常依赖他。但爸爸老不在家，她很孤独，也很难受。慢慢地，脾气就越来越差，动不动就拿我们三个孩子出气。我是老大，挨打的次数最多！"她恨母亲对她不好，也恨父亲老不在身边。长大后，她的心就在渴望亲密和恐惧亲密之间摇摆不定，她需要慰藉，但她又害怕受伤。五段感情都在重复同样一个模式：男人来追求她，她很享受，就像母亲当年很依赖父亲那样；当男人想走近她的内心世界时，她又只想疯狂逃离，因为她担心当年父亲扔下母亲和她不管的往事会继续重演。

她的脾气非常坏，她承认这点像极了她的母亲。母亲当年对父亲的怨恨，她也全部转移到了她的几任男友身上。"他们都受不了我，不用我说分手，他们最后无一不落荒而逃。"

荣荣，三十八岁，医药公司销售

荣荣结婚十年，女儿九岁，见到我的第一句话就说她要离婚。她觉得她的丈夫碌碌无为、毫无长进，结婚十年在事业上毫无起色，在家庭中也不能给她如父如兄的感觉。

"为什么要强调如父如兄的感觉呢？""因为他比我大十五岁。"荣荣三岁那年，父亲就跟别的女人跑了，是母亲含辛茹苦把她养大的。她不记得父亲长什么样了，母亲也从来不给她看父亲的照片，只要她一提起父亲，母亲就说"男人没一个是好东西"。母亲对父亲的这种责骂渐渐植入到荣荣的潜意识中，荣荣觉得男人都花心、不可靠，到了二十八岁，她都没谈过一次恋爱。直到她遇到老王，也就是她现在的丈夫。

老王比她大十五岁，当时刚离婚，是一家国营单位的处长。荣荣说第一次见老王就觉得他很本分、很亲切，觉得他有点像她的父亲。但具体她父亲长什么样，她也没印象了，反正就是一种感觉吧，这大概也是我前面提到的一种理想父亲的形象。对于从小缺少父爱的

CHAPTER 2

你的不快乐，别期望另一半来买单

♥

荣荣来说，老王无疑就是沙漠中的一块绿洲。没多久，他们就结婚了；再过一年，女儿也出生了。

随着时间的慢慢流逝，这段婚姻也变得千疮百孔。因为荣荣不是在找老公，她是在找父亲，她一直用父亲的标准来要求老王。在老王面前，她就像个任性的小公主，总是颐指气使、无理取闹，甚至也不抚养女儿，都推给了老王。老王开始还尽心尽责，毕竟他离过一次婚，毕竟她比他小十多岁，他处处呵护她、忍让他。后来，他实在受不了了，有一次吵架时老王就直言：他等于养了两个"女儿"。为了这两个"女儿"，十年来他忙里忙外，连升职的机会都错过了。没想到这也成了荣荣想离婚的借口："他太让我失望了！我本来以为他可以承担起父亲和丈夫的双重责任，没想到他家里家外都这么没本事！"

这三个女人都是向我咨询情感的客户，她们在感情上遇到的瓶颈，尽管看上去各不相同，但在某一方面却有着惊人的相似：那就是跟伴侣相处时间越长，就越会不自觉地浮现出童年时代的影子。那是因为，潜意识中我们把伴侣当成了自己的父母，我们跟另一半的相处模式实际上就是跟父母相处模式的翻版。童年没有在父母身上得到的满足或者对父母的不满，都会不知不觉地转移到伴侣身上。

因此，你和恋人、伴侣的亲密关系，在某种程度上是你跟父母关系的延伸：你和父母关系良好，和伴侣的亲密关系也不会出现太大的问题。反之，你和父母之间的关系有裂痕、有遗憾，或者父母之间的婚姻问题重重，这种裂痕和遗憾也会带到你和伴侣的亲密关系中，给你们造成很大的困扰。无论是娟子、倩倩还是荣荣，她们恐婚也好，不敢跟男友走得太近也罢，抑或跟丈夫闹离婚，都可以在她们早年跟父母的关系中找到答案。如果早年跟父母的关系不佳，就会深入到一个人的潜意识中，给未来的生活造成很大的干扰。

在这本书中，我们多次提到一个词"潜意识"。你的梦中情人，你对爱情的想象，都来自你的潜意识：你追求完美，是因为潜意识里有个严厉的批评家；你对伴侣不满，在潜意识里是对父母不满。

那么，究竟什么是潜意识？简单地来讲，潜意识相当于一个人的储藏室。这里储藏着我们不为人知的过去，甚至不堪回首的痛苦。而且，这个储藏室不在你的家里，它深深扎根在你的脑海里。在人生许多关键的时刻，潜意识会突然冒出来干扰你的决定。

对童年未曾满足的需求，长大后会产生强烈的补偿心理

在成长过程中，一个人的个性特质以及跟伴侣的相处模式，承袭的是父母中跟他性别相同的一方（即同性父母），而择偶标准则

CHAPTER 2

**你的不快乐，
别期望另一半来买单**

♥

受到父母中跟他性别相反的另一方（即异性父母）的影响。

如果你是男孩子，小时候你的父亲怎样对待你的母亲，长大后你就会怎样对待你的恋人或伴侣：如果你的父亲懂得尊重和呵护你的母亲，你结婚以后也会继承你父亲的这些优点，你的另一半会很幸福；如果你父亲喜欢打老婆，你十有八九也会变成家暴男。

如果你是女孩子，你的母亲怎样对待你的父亲，将决定你将来如何对待你的男友或老公：你的母亲如果性格很强势和霸道，总是"欺负"和瞧不起你的父亲，将来你也会像你母亲当初对你父亲那样对待你的另一半。

小时候你在父母面前习惯扮演什么角色，长大以后你在伴侣面前就会延续这种角色。比如，从小你是父母眼中刁蛮的小公主或小皇帝，恋爱以后你也习惯在对方面前称王称霸；你小时候总是小心翼翼地讨好父母，进入婚姻以后你也习惯讨好你的老公或老婆。

而且，童年的生活经验会影响我们成年后的人生选择。多数人对童年未曾满足的需求，会产生一种强烈的补偿心理：儿时缺失的，成年后渴求；自己没有的，从恋人或伴侣那里获取。倩倩很享受男友对她的好，荣荣在婚姻中把老公当作老爸，都是童年缺少父爱的结果。

这里往往也分几种不同的情形：

比如，小时候许多合理的要求常常被父母拒绝的孩子，或被父母抛弃的孩子，会在潜意识里形成一种声音：我不可爱、我没人要；长大后，会害怕亲密关系，拒绝恋爱，甚至恐惧婚姻。因为他害怕向伴侣求助时又像儿时那样被拒绝，或者担心真爱稍纵即逝，再度惨遭抛弃，索性关紧心门，拒绝爱的造访。前面提到倩倩的五段感情都只开花不结果，症结就在于此。

比如，在单亲家庭长大的孩子，或被父母严重溺爱的孩子，在择偶时特别倾向于寻找另一个"爸／妈"：前者是弥补童年父爱或母爱的缺憾，后者则是拒绝长大，做永远的彼得·潘。他们对同年龄段的异性兴趣缺缺，反倒对年龄比自己大很多的长辈心生爱慕，女孩子容易陷入"大叔控"，男孩子则喜欢姐弟恋。荣荣嫁了一个比她大十五岁的丈夫，就是基于这样的心理。

如果儿时家里总是争吵不休，你会认为这种吵闹才是婚姻的主旋律，或是正常的夫妻相处模式。将来你要么恐婚，要么无论跟谁结婚，都会热衷于在家里点燃战火。娟子害怕走进婚姻，就是因为父母常年的争吵和冷战让她对幸福完全不抱任何幻想。

而一个十分在乎别人看法和评价的人，很有可能是从小被父母

CHAPTER 2
你的不快乐，别期望另一半来买单
♥

忽略，或者很少从父母那里获得表扬，所以长大以后特别希望引起别人的关注，包括做很多事来证明自己，其实潜意识里是对童年没得到父母过多赞美的一种补偿心理。

比如，倩倩把公司做得那么大，业务那么多，却还是不满足，就跟小时候父母对她的忽略有关，她长大以后就是要千方百计地证明自己。

其实我也有这个问题。我的父母非常不善于表扬孩子，小时候我很少受到肯定，听得更多的是批评。我后来当主持人，当制片人，当作家，都是基于这样一种逆反心理，一种渴望证明自己的孩童心态。

可见，童年的缺憾就像一个隐藏很深的间谍，躲在我们的潜意识里，一旦有风吹草动，它就会跳出来捣乱，干扰我们的正常生活！

不宽恕自己的父母，就等于不宽恕伴侣和自己

看到这里，也许很多读者，尤其是跟娟子、倩倩、荣荣有着相似经历的女性会心急如焚：如何摆脱童年的阴影，不让因父母造成的缺憾像遗传病一样流传下去，阻止它继续给自己的新感情、新家

庭造成不良影响呢？

最关键的一点，要学会宽恕。

看过《爱丽丝梦游仙境》的朋友都知道这样一个情节：爱丽丝独自跟随大白兔进入大树下的洞里，那洞通往最令她迷惘恐惧的内在。从心理学上来说，这个洞往往代表着过去的伤痛。如果处理不好过去的伤痛，长大以后你一定会把这种伤痛带到你的新感情、新家庭中，从而给你的伴侣和孩子带来无尽的烦恼和痛苦。如果不学会宽恕曾经伤害过自己的父母，就等于不宽恕自己，你曾在心底埋下的愤恨的种子总有一天会生根发芽，迸发出更多恨的能量。甚至自己当年是受害者，反过来却变成加害者，乔布斯就是如此。

举世闻名的美国苹果公司创办人史蒂夫·乔布斯，是很多年轻人崇拜的偶像。他的天才创举，他的奋斗历程，成了这个时代最好的成功模板。其实，他的感情生活也是一部很好的心理学范本。只活了短短56个春秋的乔布斯，其人生经历简直就像一部跌宕起伏的电视连续剧。

1955年出生的乔布斯，是叙利亚籍美国人后裔。据乔布斯的生父简德里后来对媒体所述，当年他和女友辛普森在威斯康星大学就读，后者不小心未婚先孕，他本想奉子成婚，但遭到女方父亲的强

CHAPTER 2

你的不快乐，
别期望另一半来买单

♥

烈反对，因为他是叙利亚人。无奈之下，女友辛普森只好把刚出生的孩子送人，收养人是加州一对蓝领工人，不过简德里一再表示他对此事并不知情。

这个被收养的私生子，就是后来成为《时代周刊》的封面人物，2009年被《财富》杂志评选为十年来美国最佳CEO的史蒂夫·乔布斯。

小时候，乔布斯的学习成绩非常优异，但孤僻的个性、暴躁的脾气使得他很不合群，跟同学打架更是家常便饭，这让他的少年生涯几乎是在不停地转学当中度过的。有一段时间，乔布斯甚至沉浸在吸食毒品的快感中。显然，私生子的出身让他背上了非常沉重的心理枷锁，他一直不肯原谅在他一出生就抛弃他的亲生父母。后来，他跟生母冰释前嫌，但是跟生父至死也未曾谋面。

心理学上有种说法，你如果不宽恕曾经伤害你的父母，就等于不宽恕你的恋人或伴侣，最后等于不宽恕你自己。其结果就是，你越恨某个人，就越会继承他身上的负能量。乔布斯可能万万没想到，命运有时候会以一种奇妙的方式轮回：他恨自己的生父当初抛弃了他，让他变成一个可怜的私生子，而他在二十三岁那年，也让自己的第一个孩子丽莎沦为了私生女。

和他的亲生父母一样，乔布斯也有过未婚生子的经历。1978

年,乔布斯大学时代的女友克里斯安为他生下了一个女儿,然而他当时却拒绝承认此事,声称自己"不孕不育",不可能有自己的孩子。所以,克里斯安只好独自抚养这个女儿,在日子艰难的情况下甚至还要依靠当地的福利制度才能度日。直到很多年以后,乔布斯才承担起抚养女儿的义务,并最终承认丽莎是他的女儿,还把她接过来跟自己的妻子和后来生的三个孩子住在一起。

乔布斯小时候是私生子,长大后他又把自己的第一个女儿变成私生女,很显然,这是一种恶性循环。我认为,造成这种悲剧反复上演的罪魁祸首是乔布斯的心态:他没学会宽恕。乔布斯当年被亲生父母抛弃,于是他在心底埋下了深深的恨,后来他抛弃自己的女儿丽莎,就是对亲生父母当初抛弃自己的一种报复。尽管乔布斯当时已经功成名就,但他的内心深处还是一个伤口尚未痊愈的小孩。

后来,乔布斯转变了态度,承认丽莎是自己的亲生女儿,父女俩走到了一起,我认为,乔布斯一定是学会了宽恕。据报载,他后来信佛,成了素食主义者,还时不时跟生母见上一面,这都是宽恕之后所体现出来的包容。由此可见,宽恕对于一个人尽早摆脱童年的阴影是多么重要!

四
自己才是
自己的拯救者

只有宽恕，才能放下

那么，什么是宽恕呢？美国心理学家保罗·费里尼在他的《宽恕就是爱》一书中提出了宽恕的四大原则。

宽恕的四大原则

1	宽恕是要先从自己的内心开始。唯有宽恕了自己，我们才能宽恕别人，或接受别人的宽恕。
2	宽恕是无条件的。
3	宽恕是永无止境的过程。我们对自己或别人所做的任何批判，都须不断地以宽恕来回应。
4	只要表达出宽恕的心意就已绰绰有余，不管我们此刻能做到什么程度，都已经很好了。这份体谅使我们能怀着宽恕的心态来练习宽恕。

我理解：宽恕曾经忽略或伤害过你的父母，其实就是宽恕你自己。因为是你一直纠缠于过往而不肯放下，是你把批判的大帽子扣在了他们的头上。只有先宽恕自己，才能宽恕别人，否则你就会带着种种哀伤、失落，甚至愤懑、攻击来对待你的伴侣，乃至你的孩子，那种"恨"的基因会像接力一样继续传递给你的下一代。只有宽恕，才能放下；只有宽恕，才不会把过往的缺憾带到你现在和未来的生活中。让往事都随风去吧，如此我们才会彻底释然！

每当你纠缠于过往的经历而愁肠百结时，请你猛吸一口气，再缓缓吐出，将一直干扰你和阻拦你的各种想法、观念以及往事彻底放下，同时在心里对自己讲："我要统统放开。"一次不行就两次，渐渐地，你就会有如释重负的感觉。

CHAPTER 2
你的不快乐，
别期望另一半来买单
♥

童年缺爱的人，无论男女，都是长着大人身躯的孩子，哪怕外表再强壮、地位再显赫、财富再诱人，内心也依然是个柔弱、无助、幼稚的小孩，这个小孩一直在寻找那份缺失的爱。恋爱或婚姻就是一次疗伤的过程，那个医生就是你的恋人或伴侣，目的是医治童年的创伤。然而，这种寻找常常会以悲剧告终，因为自己的问题唯有自己才能解决，你没有权利把任何人拖到你过往的生活中。对方也没有能力为你的痛苦负起责任，只有你自己才能充当自己的拯救者！当然，你可以把过去的伤痕袒露在自己所信赖的伴侣面前，让他仔细地聆听你，让他真诚地拥抱你，让他耐心地安慰你！

经常看到有很多言情小说或韩国偶像剧在歌颂所谓的完美恋人，加上他们的扮演者大多是人气很高的偶像巨星，于是很多为此中毒的女性观众会产生一种错觉：我要寻找属于我的完美恋人或灵魂伴侣。其实，这个世界上根本没有什么完美恋人或灵魂伴侣，他（她）只不过是你在缺乏爱的沙漠里跋涉得太辛苦而看到的海市蜃楼，因为干渴至极，所以才会将虚幻的景象当真。应该说，渴求完美伴侣的人，大多是童年缺爱者。真正的伴侣应该相互学习，共同成长，彼此依赖。追求所谓的完美恋人，意味着你放弃学习、拒绝成长，等于把自己的幸福完全交给另一个人，而自己拒绝负责。

说到我们跟伴侣之间的关系，有一点必须要提醒一下。在你跟伴侣相处的过程中，如果你发现他（她）和你的父母有很多相似之处，或者你们之间的相处模式很像,你的心中要敲响警钟:你有可能会把童年时跟父母相处的不愉快带到你跟伴侣的关系中。当然,如果你儿时跟父母一直关系不错,这种相似则是好事,这种积极的因素会被继承下来。

当你和伴侣总是无休无止地争吵时,有时问题不一定出在他身上,而是你。你过去未曾愈合的伤口在隐隐作痛,是他无意中揭开你隐藏很深的伤口,但他与你的伤痛无关,只不过他在不自觉的情况下扮演了一个导火索的角色。

就像前面提到的欣欣,她跟丈夫吵,跟丈夫闹,都是由于童年被父亲抛弃所造成的阴影。这时你只需告诉伴侣,你受伤了,让他试着体谅你。有时伤口需要袒露出来才能更好地愈合,而不是长久地隐藏,也许你的伴侣可以帮你包扎那个伤口。但请你不要把他当作医生,不要期待他来医治你的伤痛,更不要把对父母的不满转嫁到无辜的伴侣身上。

自救的关键是培养一种内在的成人

那么,面对童年的缺憾和阴影,我们应该如何自我拯救呢?心理学告诉我们:自救的关键,是要培养一种内在的成人,来帮助我

CHAPTER 2

**你的不快乐,
别期望另一半来买单**

♥

们随时调解好内在的父母和内在的小孩之间的关系。

每个人都有父母,小时候父母对我们的爱、对我们的看法,长大以后就形成我们对自己的爱、对自己的看法,这就是内在的父母。内在的小孩,指的是最初的那个自我,它代表了一个人最真实的状态。我们常说,一个人既有感性的一面,又有理性的一面,感性的一面指的就是内在的小孩,理性的一面则是内在的父母。一个人大多数时间都处在内心矛盾的状态,就是内在的父母和内在的小孩在打架。比如,一个女孩在刚刚开始喜欢上一个男孩的时候,二者就会经常纠结:内在的小孩会被他吸引,很想接近他;但内在的父母又提醒自己:这个男人你了解多少?他会不会不靠谱?会不会在骗你?我们的一生大都在这种矛盾中度过。

小时候,如果父母总是挑剔你、否定你,觉得你不可爱、不优秀,长大后你也会觉得自己不可爱、不优秀,也会用挑剔和否定的心态来看待自己。如果父母总是表扬、肯定、鼓励你,你的内在的小孩就会健康成长。反之,你的内在的小孩就会吃不饱、穿不暖,总像个嗷嗷待哺的婴儿。

这时候应该怎么办?不要走进受害者的牢笼,不要为自己的不幸找借口,哪怕你的不幸来自你的父母,你曾经爱过的男人,你现在的伴侣,他们也没理由为你的不快乐买单。一个人要学会为自己的成长负责，这就是内在的成人。

每个人心中都有一个内在的父母，小时候是由父母提供的，长大后要学会自我完善，这就是内在的成人。这就像父母临终前给你留了一套祖传的房子，你要继续在房子里住下去，维护、修缮、保养就全靠你自己了。可能房子年久失修了，可能房子破旧不堪了，你不能为此怪父母给你的房子不好，你要深深地感谢他们，并把这份家业好好地继承下去。这也是一种内在的力量。当内在的小孩在哭泣，内在的父母严厉地谴责他、批判他的时候，内在的成人要敢于站出来，抚慰那个可怜的小孩。这个内在的成人是自己给自己培养出来的心灵按摩师。

那么，内在的成人又该如何抚慰那个一直受伤的内在的小孩呢？

1. 唤醒。

或者写日记、写博客，或者向恋人、伴侣、最信赖的朋友毫无保留地叙述你的哀伤历程，唤醒那份伤痛的记忆。

疗愈过去，不是简单地回想过去的伤痛，而是先要像医生一样仔细地揭开伤口，给它上药、缝针，然后像护士那样抚平它、关爱它。

CHAPTER 2

**你的不快乐，
别期望另一半来买单**

♥

2. 释放。

唤醒尘封已久的记忆，必然会引起各种负面的情绪，如悲痛、愤怒、受伤、恐惧、担忧、自卑，不要掩饰，无须否认，尽情释放，完全宣泄吧！哪怕流泪、哭泣、怒吼、捶胸顿足、撕心裂肺，请彻底感受你的情绪。有时候我们对伤害越没感觉，其实伤害反倒越深。

我曾经在一档节目里遇到过一个所谓的女强人，三十多年来她一直在外人面前伪装强大，遮掩她童年被父母抛弃的过去。尽管她外表强悍，内心却一直在滴血。但她否认这些，哪怕在她的几任男友面前，也总是一副雄赳赳气昂昂的样子，最后男人无一例外离她而去，理由是："她太爷们了！完全不像个女人！"

· 那天在现场，她谈到童年被抛弃的经历时依然面无表情，我跟她讲："我知道你心里很苦，这么多年你都是一个人默默在奋斗，没有父母的鼓励，缺少男人的理解。你为什么不哭出来？你为什么要一直伪装强大？你可以宣泄，你可以愤怒，你可以流泪！因为你是女人！你没有必要非去当个强者！"一番话还没说完，她早已泪流满面；过了一会，她放声大哭。作为专家，我没上去劝她止住眼泪。她可以哭，她应该哭，她有哭的权利！但是这么多年，她忘记了她还拥有这种权利，她已经丧失了作为女人应该具备的柔弱。这一哭，她宣泄了这么多年的压力，也找回了女人应有的魅力。

3. 抚慰。

每个做父母的人都有过哄宝宝的经历，不管他如何哭闹、调皮，父母都会无条件地呵护他、疼惜他，因为他是自己的孩子。内在的成人也是如此，要学会把自己的坏情绪当作小宝宝来对待。当你情绪非常坏的时候，可以尝试同时扮演两个角色：一个是扮演内在的小孩，他无助，他可怜，他痛苦，让他不停地对自己诉说心中的悲苦；另一个是扮演内在的成人，他不同于你以往那个内在的父母，他不会挑剔你、嫌弃你、否定你，只会安慰你、包容你、鼓励你。每当你心情不好，思绪总是不由自主地被童年牵绊时，你就可以同时扮演这两个角色，让内在的成人去安慰内在的小孩吧。

4. 告别。

要想卸下童年沉重的包袱，最好的办法就是彻底扔掉它。可以给过去写一封长长的信，把这些年的不幸和哀伤吐出来，写完后不用寄给任何人，只需烧掉。然后举行一个小小的哀悼仪式，告诉自己："从今天开始，我要给过去画上句点，我要开始面对新的人生！"

或者，像电影《花样年华》里面的男主人公（梁朝伟饰）一样，把这段不为人知的秘密封存在一个树洞里，微笑着告别。当然，对女孩子来说，改变形象（如剪去长发），换个工作，去另一个城市

CHAPTER 2

你的不快乐，
别期望另一半来买单

♥

重新生活，也是一种跟过去告别的方式。

5. 慈悲。

所谓慈悲，就是以包容之心对待曾经伤害过你的人，包括你的父母和你曾经最爱的那个人。心理学告诉我们，伤害过我们的人一定曾经也是受害者。父母也是一样，他们也曾经是受伤的孩子，也未曾治愈就带着一颗伤痕累累的心走进婚姻，生育孩子。他们的心灵未曾真正痊愈，自然会把这份伤痛转嫁到孩子身上。把曾经让你受伤的父母也看成是受伤的小孩，你就会放下积压已久的怨恨，渐渐释然。

在很长的一段时间中，我跟母亲的关系很疏远，对她当初跟我父亲闹离婚，对她的坏脾气，都心有戚戚。有一次全家吃饭，母亲突然说起她小时候外公和外婆离异，她曾经被寄养在一个亲戚家一段时间，亲戚怀疑她偷了东西。这件事给她伤害极大，造成她后来自尊心极强，养成有点强势也有点敏感的性格。那一刻，我似乎明白了一点，母亲也曾经是个受伤的孩子，她也曾有过别人无法察觉的痛苦。佛家常说"悲悯之眼"，悲悯地看待亲人乃至人所受的一切，我们才会以慈悲来包容一切。

同时，我们也要破除对父母的迷信。什么迷信？父母不是至高无上的权威，不是完美无缺的圣人。他们跟我们一样，也是普通人，也会犯错，也曾经甚至现在还是受伤的孩子。我们小时候受过再多的苦，现在也已是成年人了，就要学会用成人的力量去关爱父母。只有接受父母的不完美，我们才会接受自己的不完美。反之，神话父母，必然导致厌弃自己，这也是第一章所谈到的完美主义者的心理根源：他们把父母想象成一尊神，所以不断在"神"面前责备自己，鞭挞自己。让父母走下神坛，我们才会彻底地解放自己。

我认为，两性关系从表面上看是你和伴侣之间的关系，其实深层次上是你和父母的关系，以及你和自己的关系。你不从内心真正慈悲地面对你的父母，就很难面对真实的自己，也就很难完全地接纳你的伴侣。

6. 感恩。

孟子说过，"生于忧患，死于安乐"。对于曾经经历的苦难，我们要心怀感激。没有那些苦难，我们如何变得更坚强？没有过去的那些苦，你又如何拥有面对痛苦的力量？很喜欢国际著名影星英格丽·褒曼晚年面对媒体采访时说过的一段话："什么是幸福？幸福都是出自痛苦，只有经历过痛苦的人，才能真正体会到幸福。"褒曼说这段话的时候都六十五岁了，已经离了三次婚，但在她的脸上看不到任何哀伤的怨怼，只有安详和宁静。我喜欢褒曼，是喜欢她历经沧

CHAPTER 2

你的不快乐，别期望另一半来买单

♥

桑之后依然留存的那份纯真。这份纯真从何而来？就是感恩。

感恩上苍，感恩生活，感恩父母，感恩爱过你的人和伤害过你的人吧！是他们让你学会成长，懂得坚强。有时候我们要感谢老天的安排，它总是先扇你个耳光，然后再抚摸你的小脸！就把受到的每一次伤害和挫折，当成上天赐给你的一份礼物吧！只有收到这些礼物，你才会更成熟、更坚强，也离幸福的彼岸更近了一步。

我看过美国心理学家玛丽安娜·威廉森写过的一本书，她说她的童年也很不幸。她一度被各种负面情绪缠身，工作、家庭、婚姻都深受影响。她去请教一位治疗师，治疗师告诉她："学会感恩吧！""无论什么时候，当你有负面思想产生时，马上把全部想法都变成感恩。"威廉森说她试了下，果然管用。只要她心存不满，一句"我感恩"就像一把手电筒，立马把黑暗的心给照得亮堂堂的。渐渐地，她的心态明显好转。

这就是感恩的力量。它让我们明白一个道理：在这个世界上，我们所受的一切的苦，都是为了让我们以后享受到更多的甜。

7. 回报。

当你学会感恩，你的心中就有了一份内在的力量，那就是爱。

当你有了爱,一定要回报:回报你的父母、你的伴侣、你的孩子、你的朋友,还有这个世界需要爱的人。

很多人常常觉得在生活中感受不到爱,其实爱存在于每个人的心中,当你对他人付出的那一刻,你就已经在付出爱,对方在感受到你的爱的同时,也把他的爱回馈给你。相反,很少付出的人,也感受不到别人的爱。因此,感受爱的最好方式,就是你首先付出爱。

如何付出爱呢?在你的父母或伴侣悲伤、生气的时候,请用你的微笑、你的言语、你的拥抱,或者一束花、一杯浓浓的咖啡,甚至唱一首歌来告诉他们,他们是被爱的。在你心情沮丧的那一天,你也要做同样的事,只不过你是为自己做的。经常这么做,你会有意想不到的收获。这个世界上,没有比提醒亲人和自己始终被爱这一事实,更让人喜悦和兴奋的了。

美国心理学家保罗·费里尼说得好:"在你的生命感到有所欠缺之处,那就是最需要爱的地方;当你感到不满足之际,那也往往是你吝惜给别人爱和支持的时刻。"

别再吝惜你的爱了,只有不断地付出你心中的爱,让别人感受到这份爱,你才会收获到更多的爱!

CHAPTER 3
安全感，男人给不了你

安全感，

就像一个人的健康，

只能自己给自己，

别人给不了你!

一
"物质女"和"拜金女"都是从小缺少安全感所致

"物质女"和"拜金女"大都源于自卑

这两年，电视相亲节目火得一塌糊涂，据说江苏卫视的《非诚勿扰》收视率一度直追《新闻联播》。我之前没去过《非诚勿扰》，但我去了其他很多相亲节目。当然，不是去相亲，而是作为情感心理专家去出谋划策，当当"红娘"。

不过，我感觉这些节目都不太像相亲节目，更像"扶贫"节目。很多女嘉宾一看就尚未"脱贫"，上节目不是来找对象，而是来"脱贫致富"的。为此，她们专爱灭灯，说话狠绝，表现失态，我给她们取了个外号叫"灭绝师太"！

比如，在一期节目中，有位"灭绝师太"是个幼儿园老师，自己的工资都不足 3000 元，却要求对方的月收入必须超过 30000 元，否则一切免谈。我就很担心，这样的老师教出的小朋友将来会不会也很"物质化"？还有一期节目，我遇到的"灭绝师太"是个美女，又是模特，她宣称要找的另一半必须"有车有房，父母双亡"，据说这样可以免去婆媳相处的烦恼。当然，这其中最出名的，还是在《非诚勿扰》中以一句"宁在宝马车上哭，不在自行车上笑"暴得大名的马诺。媒体常把这些眼睛里只剩下钱的女孩称为"物质女"或"拜金女"。

一个专写红色经典电视剧的编剧跟我说，看了现在很多婚恋相亲节目后，觉得《白毛女》应该重拍：过去是黄世仁想霸占喜儿，喜儿满世界躲藏，因为忧心如焚外加营养不良，变成了白毛女；现在世道变了，是喜儿哭着喊着要嫁黄世仁，黄世仁却遍寻不获，最

CHAPTER 3

安全感，
男人给不了你

♥

后喜儿担心自己变成"剩女"，一着急结果成了白毛女。

所谓"物质女"也好，"拜金女"、"灭绝师太"也罢，在饱受媒体的口诛笔伐之余，也应该引起我们的深思：为什么现在一些女孩越来越物质，越来越拜金？仅仅是她们的错吗？社会没有责任吗？家庭没有责任吗？男人没有责任吗？

著名经济学家郎咸平认为，现在的社会对年轻人来说缺少公平成长的机会，整个社会上升的渠道被少数权贵阶层给掌控了，读书难、就业难、买房难成了困扰 80 后、90 后成长的新"三座大山"。本来竞争空间就狭窄，女孩子在读书、就业、收入方面又受到歧视，因而处于劣势。靠自己奋斗没机会，只好寻靠山找机会，"马诺们"都是被"逼良为娼"的结果。

郎咸平是从社会学来看"拜金女"现象，如果从心理学出发，所谓"物质女"、"拜金女"，我认为她们大多数是由于内心缺少安全感，从小缺少父母的关爱，长大后又缺少男人的真爱所致。说穿了，这是一种潜在的自卑心理。因为自卑，就不够自爱；因为不够自爱，就特别需要金钱和物质来填补。这也是为什么大多数"拜金女"和"炫富女"都是从小家庭环境不太好，或者成长在破碎家庭的女孩。

据一个电视台的编导爆料,马诺走红之前,去电视台录节目根本没有宝马车接送,她是"搭乘公共汽车"去的。前面提到的那期相亲节目录制间隙,我跟那个幼儿园老师聊天,她说自己从小家里穷,上不起大学,就去读了幼师;之前交过一个男朋友,也跟她一样穷,平时约会只能吃路边摊,吃了半年,连次像样的饭馆都没下过,她实在受不了了,就提出了分手。她告诉我,她不想再过这种穷日子了,因为没有安全感!

"安全感"为何成了女人挂在嘴边的口头禅?

"安全感",大概是我在相亲节目中听女嘉宾提到的最多的一个词。如果来相亲的男嘉宾个子太矮,女嘉宾会觉得没有安全感;如果他太瘦,也会觉得他没安全感;他没钱、没房、没车,更没安全感。不过,有时候男嘉宾太帅、太优秀、太有钱,女嘉宾依然会没有安全感。

有意思的是,多数女人一看见帅哥就很担心,觉得靠不住;男人却正好相反,一看见美女就很激动,从来不担心她是否水性杨花!看来在爱情上,女人要的是安全感,而男人要的是征服欲。

不光是相亲节目,现实生活中"安全感"也成了女人挂在嘴边

CHAPTER 3

**安全感，
男人给不了你**
♥

的一句口头禅，只要对爱情有所期待，只要对身边的男人不太满意，这三个字就会脱口而出。很多女人总喜欢将安全感跟男人、金钱和房子联系在一起，好像男人给的爱越多，金钱和财富越多，安全感就越足。

是这样吗？在讨论这个问题之前，我们先说说什么是安全感。

在百度百科里，对"安全感"有句很直白的解释：人在社会生活中有种稳定的不害怕的感觉。那么，缺少安全感就是害怕，这是一种深层次的恐惧。

我的理解，安全感其实分三种：一是物质的安全感，二是情感的安全感，三是心灵的安全感。物质的安全感，主要指的是以金钱、车房为代表的物质元素，这是最表层的安全感。情感的安全感，来自伴侣之间的彼此忠诚和信任，这是婚姻的基石。心灵的安全感，也是精神的安全感，是我们终极追求的安全感，也是最深层的安全感。这种安全感，小时候是父母给予的，长大后是自己给予的。

当我们还是婴儿时，我们哭，我们闹，是父母来哄我们、疼我们，给我们吃，给我们穿，更给我们爱。这是一个人安全感的最初来源。如果从小自父母那里获得足够的安全感，我们就好似一生都走上了一条平坦的康庄大道。反之，我们就会踏上一条泥泞的崎岖小道，而童年的安全感主要来自父母无条件的爱。

有的女孩从小没有从父母那里获得安全感,就想将来通过婚姻来提升安全感。这种例子前面比比皆是,这里就不多说了。而有的女孩在情感上得不到足够的安全感时,便会追求物质上的安全感。

小雪就是这样一个女孩。

小雪人如其名,皮肤白白的,眼睛大大的,一看就是那种清纯如雪的北方女孩。她来找我做咨询的时候,我不由自主地想起了温室里静静开放的白色玫瑰。她幽幽地一笑:我希望自己是一朵圣洁的百合花,绽放在我最爱的那个男人的心中,因为百合被中国人取意"百年好合"。

两年前,一个偶然的机缘,生性文静的她被朋友带到了一间酒吧,那晚她遇到了一个让她心仪的男人。

"酒吧里的灯光很暗,我却感觉到他的一双眼睛亮晶晶的,就好像在黑暗当中有一盏明灯在照着我,非常温暖。我突然觉得,心房里仿佛被吹进了空气,自己不再是被遗忘的人。"

对这次相遇,小雪用了一种充满诗意的文学语言来形容。然而,

CHAPTER 3

安全感，
男人给不了你
♥

小雪接下来的讲述却让我大吃一惊，因为她爱的这个男人是已婚男人，而且非常有钱！换言之，她傍上了一个大款！

她为什么这么做？我很好奇。小雪的眼神里突然流露出一丝落寞。"因为我从小家里很穷，我一直缺少安全感！"

小雪出生在东北一座小城，三岁那年，父亲就因病去世了，是母亲把她和两个弟妹拉扯大。在她对童年的回忆中，印象最深的就是一个字：穷！因为穷，妈妈不得不由开小卖部，再到做钟点工；因为穷，妈妈到处向亲戚借钱给她交学费；因为穷，她十岁生日那天看上了附近商店里一件连衣裙，但妈妈没钱给她买；因为穷，她在亲戚家里饱受白眼。她记得有一回在姥姥家过年，比她大三岁的表姐公然嘲笑她妈妈当初就因为嫁了个穷小子，结果一贫如洗。那次之后，她再也不去姥姥家串门了，心里暗暗起誓，将来一定要有钱，要让妈妈和弟妹过上好日子。

十六岁那年，她不顾母亲的强烈反对，中途辍学到北京来闯荡。从发廊妹到酒店侍应，再到保险推销员，什么活她都干过，什么苦她都吃过，但她的兜里依然空空如也。怎么办？上天没给她幸福的童年，却给了她姣好的容颜。来北京，她虽然工作不顺，但却桃花不断，不管她做什么工作，身边总有不少热烈的追求者。但她都看不上，因为他们跟她一样，都仅仅是这个都市里年轻的打工者而已。

直到那一晚,她被女友拉进那家酒吧。直到那一刻,她爱上了那个有钱的已婚男人,尽管他比她大了整整二十岁。

没多久,她就从挤了四个人的地下室搬进了豪华公寓。没多久,她就改头换面,名牌傍身,不用上班却开上了宝马。又没多久,她把母亲也接来了,还资助弟弟上了大学。一年后,她怀上了他的孩子,她想跟他结婚,可是他离不了婚,因为他是一名企业家,离婚就意味着财产被分走一半,意味着身败名裂,意味着他得从头再来,他输不起,虽然他很爱她。

她很苦恼,他离不了婚,就意味着她永远没名没分,就意味着她将来生下的孩子只能顶着私生子的头衔艰难地生存。她该怎么办?

我问她为什么这么傻,她苦笑:"我有得选择吗?如果老老实实找个没结婚的,还不跟我妈当初一样?那种苦日子我受够了!跟他在一起,其实我已经预料到会是这样一种结果。但我已经很知足了,我开名车、住豪宅、穿名牌,他给不了我婚姻,却给了我物质和情感上的安全感。我比他老婆幸福多了!"

CHAPTER 3

安全感，
男人给不了你
♥

听小雪讲述的时候，我内心一直在转着一个念头：是什么原因让这样一个如花似玉的女孩，不去好好找个小伙子谈场有结果的恋爱，却甘愿给有家室的大款当个"小三儿"？

小雪在讲述中提到了一个关键点：她从小就没有安全感！

小雪童年时没有父亲，母亲一个人拉扯孩子困难重重，女性自身的弱者心态，让母女二人陷入了一种强烈的不安全感当中，再加上过度地贫穷，就导致小雪从小对金钱有着特别的渴望。

"物质女"、"拜金女"更看重的是金钱带来的那份安全感

如果把人的内心比喻成一只杯子，这只杯子就需要用东西来填满，否则我们的内心始终会空空如也，从而就会缺少安全感，就会空虚迷茫，就会不知所措。用来填满我们心灵之杯的，要么是精神，要么就是物质。精神主要指的是爱，包括父母之爱、男女之爱；物质则包括金钱、房子等。如果我们的杯子装满了爱，我们就不会被金钱侵袭。反之，如果杯子里没有爱，我们就需要用金钱来弥补。

香港女作家亦舒有本小说叫《喜宝》，女主人公喜宝有句名言：

"我需要很多很多的爱，如果得不到，我就需要很多很多的钱。"这句话道出了很多女孩的心声，也是"拜金女"层出不穷的心理根源：她们真的很缺爱。为了不使自己的心灵之杯继续空虚下去，她们就需要大把的钞票、洋房、名车、名包等来填充。马克思有个说法："意识形态这块阵地，无产阶级不来占领，资产阶级就要来占领。"同理，心灵这块阵地，没有爱来滋润，一切物质元素就要来侵蚀。

那次听完小雪的讲述，我的内心触动很大。以往面对"物质女"、"拜金女"，我们都习惯于站在道德制高点来指责她们、辱骂她们，却从未从心理上和情感上关心她们、抚慰她们。她们找有钱人，与其说是看上对方的钱，不如说更看重金钱带来的那份安全感。

小雪的故事告诉我们：如果不想让你的女儿将来傍大款、当"小三儿"，首先要尽到父母的责任，无论经济多穷困，工作多繁忙，都要给孩子足够的关爱和理解，告诉她们这个世界上只有真爱是无敌的。否则，孩子小时候缺钙，成长中少爱，哪怕将来遇真情，也只能是歇菜。

二 你是"对爱上瘾"的女人吗？

女人对爱上瘾，也是缺少安全感的表现

我认识一个女孩，她跟我一样都是资深影迷，没事我们俩就在网上聊电影。她告诉我，小时候她跟她妈都特别喜欢一部经典老片《魂断蓝桥》，都特别喜欢费雯丽，喜欢她扮演的那个像青花瓷一样美丽而易碎的芭蕾舞女演员玛拉。那时候，电视里播放《魂断蓝桥》，她就依偎在妈妈身边，跟她一起盯着小小的荧光屏看，最后看到玛拉的自我毁灭，妈妈止不住地哭，她也跟着落泪。

她告诉我，像玛拉这种女人，生如春花般灿烂，死如流星般迅捷，以至于还没来得及看清楚她的美，便已经成为了一段模糊而伤感的回忆。她喜欢那种伤感的美。

长大后某一日，她碰巧又在电视里看到《魂断蓝桥》回放，当妈妈还是一如既往地为玛拉的不幸频频拭泪时，她突然讨厌起这部影片，突然看不起那个可怜的女人。

她说，在惊闻心上人罗伊阵亡的消息后，玛拉竟然自暴自弃、沦落风尘，这已是不可忍。而当罗伊意外归来，她喜出望外之余又恐于自己早非"干净之身"，最后用卧轨来保全所谓圣洁之爱时，更是愚不可及！女人的这种飞蛾扑火，成就的只是男人心中的贞节牌坊，毁掉的却是女人的一生。只不过，玛拉遇到了一个痴情的男儿，在她死后还"此情可待成追忆"。可是，大多数为爱疯狂的女人却不见得那么幸运，她们的苦苦相守，她们的全情付出，换来的却是无耻的背叛，遍体的伤痕。

CHAPTER 3

安全感，
男人给不了你
♥

末了，她问了我一个问题："子航，为什么银幕上、生活中，像玛拉这样的女人特别多，也特别容易受伤？"

当时我没回答她，因为我还没找到确切的答案。最近，我在看《亲密关系的重建》这本书，作者大卫·里秋是美国心理学家。他在书中用了整整一章谈论这样一类女人：她们把爱情当成生命中最重要的一件事，她们为了男人可以牺牲到没有自我的程度，而一旦失去爱情就如同世界末日。大卫·里秋把这种女人称作"对爱上瘾"的女人。他说："对爱上瘾，是心灵陷入迷障，行为不由自主。当我们为爱沉迷，作出冲动之举，瘾头只会越养越大。"

在这个世界上，人有嗜酒精成瘾的，有迷恋网络成瘾的，有养宠物成瘾的，也有"对爱上瘾"的。按照大卫·里秋的观点，很多言情小说和偶像剧里面的女主人公，包括玛拉，以及我在《女人不"狠"，地位不稳》中提到的"为爱舍身炸碉堡"的女人，都属于这种"对爱上瘾"的女人。

作为研究两性情感的男作家，我发现生活中的确有很多女人对爱上瘾，且表现形式多种多样：有的对依赖男人上瘾，有的对控制男人上瘾，有的对追问"你到底爱不爱我"上瘾，有的对查老公手机、邮箱、QQ上瘾，还有的对"一哭二闹三上吊"上瘾……这种种上瘾的背后，折射出一个很大的心理问题：她们都普遍缺少安全感。

女性在感情方面缺乏安全感的表现

1	对爱情瞻前顾后、患得患失,一会儿担心他对自己不够真心,一会儿又觉得自己配不上他。
2	总是把"缺少安全感"、"男人都不是好东西"挂在嘴边,好像一切都是男人的错。
3	总是把自己当成落水之人,把他当成救命稻草,希望他救自己上岸。
4	遇到点小摩擦就一哭二闹三上吊,要么以泪洗面,要么以死要挟。
5	为对方盲目地付出,没有节制,没有底线。
6	一天到晚就知道问他"你到底爱不爱我",无休无止,无穷无尽。
7	喜欢吃醋,爱好攀比,总爱拿自己跟他的前女友或前妻比较:"我到底哪点不如她?"
8	喜欢一天到晚黏着对方,一刻也不想松手,一点也不想放手。
9	对他的无理要求总是一再退让,照单全收。
10	从没学会以平等的心态来看待对方,要么就把他当爹,只知索取;要么就把自己当妈,大包大揽。
11	对他跟其他异性接触总是一百个不放心,翻手机、进邮箱、查QQ是家常便饭。
12	属于"大叔控",喜欢"父女恋",对同龄异性缺乏兴趣。
13	重物质,轻感情,对男人是否"有车有房有钱"更感兴趣。

CHAPTER 3

安全感，男人给不了你
♥

14	对男人存在严重的戒备心理，当有男人接近自己时，不是怀疑他只想跟自己上床，就是怀疑他贪图自己的钱财。
15	总是封闭自己，从不向对方敞开心扉。
16	喜欢暴饮暴食，或沉湎于网络、酒精，或打着疯狂工作的旗号逃避感情。
17	总是把自己装扮得很强势，内心却极度脆弱不堪。
18	要么害怕恋爱，要么恐惧婚姻，从不相信幸福会降临到自己的头上。
19	对正常地恋爱、结婚心存疑虑，热衷于找已婚男人，甘愿当"小三儿"。
20	对方提出分手或离婚时，不能冷静对待，要么哭天抢地，要么疯狂报复。

对爱上瘾，如同被爱情绑架，而非和恋人心心相印。与其说你是深深地爱上了这个人，不如说你把他当成了救命稻草，希望他帮你脱离苦海。换言之，你把自己当成了受害者，期待对方是你的拯救者。这都是严重缺乏安全感的表现。

有时候打着爱的旗号也会伤害彼此

在一期节目里，我遇到了一对北漂的小演员丁丁和叶子。两人都来自东北某座小城,都毕业于同一所艺校,都是学表演出身,又一起来北京闯荡,用一句俗得不能再俗的话来形容,可谓青梅竹马、两小无猜。

刚来北京那阵子,日子确实苦,住地下室不说,人生地不熟的,根本找不着活儿。叶子说,两人曾经一天跑过15个剧组,从东五环跑到西五环,却连导演的面都没见上,只是把简历递给了副导演。后来,性格外向、善于交际的叶子为了成就男友,主动退居幕后,给丁丁做起了经纪人,帮他拉活儿。但一干经纪人才知道,演艺圈这碗饭真不好吃,经常要打电话赔笑脸不说,还得主动掏腰包请那些副导演吃饭,给他们送礼。

我问:"你们俩都没收入,请客送礼的钱从哪儿来啊?""问家里要呗!"虽然都是来自小城市,叶子的家境毕竟比丁丁富裕些,就这样她用自己父母寄来的钱帮男友打通门路。花钱是一回事儿,此外还得经常陪那些副导演、制片人喝酒,偶尔碰上一些不怀好意想占便宜的,还得躲着点儿。

终于皇天不负有心人,丁丁的活儿越来越多,从最开始的匪兵甲,演到了男三号;从最初三个月也接不到一部戏,到一年下来至少有四五部戏找上门来。不过,随着丁丁越来越火,两人的距离也越来越远。倒不是男人不懂得感恩图报,而是女人的不安全感越来越强。

CHAPTER 3

安全感，
男人给不了你

♥

叶子形容：丁丁的翅膀开始硬了，不听话了，想飞了。丁丁则很委屈，他觉得叶子一直用爱的名义控制他，每天在他耳边就是一句话："我对你这么好！你可不能辜负我！"而且，丁丁拿到的片酬全部被叶子死死地攥在手里，拍戏都两年了，他还不知道自己挣了多少钱，兜里永远不超过100元钱，有时候出门请朋友吃个饭还得向叶子开口。

我问叶子为什么把钱看得这么紧，叶子还振振有词："从小我妈就说，男人有钱就变坏！我妈就是这么管着我爸的，我也得跟我妈学！万一他拿着钱去外面搞别的女人，我这三年的付出岂不亏大了？"

更让丁丁受不了的，是叶子看他比警察防小偷还严，他的手机只要一响，叶子就会问：是男的还是女的？男的就可以接，女的非得叶子亲自接，以至丁丁在片场认识的那些女演员都不敢给他打电话。渐渐地，丁丁快要疯了，他感觉自己像背上了一笔这辈子也无法偿还的沉重的债务，而且还天天跟债主生活在一起。他没钱，也没自由，他想分手。叶子因而也变得歇斯底里起来，她在演播室正告丁丁："没有我哪有你的今天？你要敢跟我分手，我就跟你同归于尽！"

无疑，叶子就是一个典型的"对爱上瘾"的女人。她是爱丁丁，但爱到没有分寸，爱到失去自我。那天在现场，她身材臃肿、脸色憔悴，我一直以为她和丁丁是姐弟恋，后来一问才知道她比丁丁还小一岁，而且三年前她还是一个看上去很清秀苗条的小姑娘。是谁把她摧残成这样？与其说是丁丁，不如说是她自己的心态。

叶子说她之所以不当演员而改做经纪人，是为了"成就"男友。"成就"这两个字听起来很伟大，背后却折射出女人的不自信，折射出女人想通过牺牲自己来取悦男人，最后再反过来依靠男人的弱者心态。正如我的朋友，香港女作家素黑在她的书中所说："伟大女人的背后，其实是自信不足或懦弱，潜意识里希望自己被需要和依赖，而牺牲得轰轰烈烈一点便更容易被人牢记，成就不朽的传奇！"

那天在演播室，叶子在我的逼问下就坦承：她如此牺牲自己，就是希望丁丁红了以后对她更好，"我这辈子谁都指望不上了，就指望他了！"说穿了，她把帮他当成了一笔投资，她之前下了那么多血本，把自己的职业、自己的青春、自己父母的积蓄都搭上了，就是为了将来得到更好的回报。

可叶子不懂的是，这个世界上，什么都可以投资，就是感情不能投资；什么都靠得住，就是男人靠不住！这种急功近利的心态，实际上就是把她对他的所谓付出变成了一根绳索，她总想套住他，而他总想逃出去。他一旦想跑，她就觉得自己是受害者，就要跟对方同归于尽。

CHAPTER 3

安全感，
男人给不了你

♥

我劝告叶子：女人最可悲的，不是年华老去，而是迷失自我；女人最可叹的，不是红颜不再，而是自信全无！如果你不能尽快调整这种牺牲者加受害者的心态，丁丁离开你是迟早的事！

没抓住男人之前，女人都是淑女；一旦抓住这个男人之后，很多女人不是降格为怨妇，就是被逼成了悍妇。如此局面，不完全是男人的问题，而是女人的心态出了问题：她太在乎这个男人了。有时候，过于在乎就是不自信。有时候，这种不自信就要通过外力来强化和掩饰。这个外力包括金钱、美容、装扮等，也包括男人。

在一段健康的感情里，男女双方既相互依偎，又彼此独立，能够给对方充分的空间和自由。只有不健康的感情，才是一方依赖对方，一方控制对方，一方占有对方。尽管打的是爱的旗号，行的却是互相伤害之实。这种上瘾似的爱，就像掐着对方的脖子，让其喘不过气来。有时候，你越期待他（她）能给你安全感，他（她）就越不能给你安全感。抓得越紧，越会一无所有。这就像一个被人用滥了的比喻：你越想紧紧地抓住一把沙，它越会从你手中流失。

女人在婚姻中为何容易扮演牺牲者？

"对爱上瘾"的女人，在恋爱和婚姻中，往往一开始就喜欢扮演牺牲者的角色："我为你付出了这么多，你可不能辜负我！"这是她们最爱对恋人说的一句话，但她们往往忽略了一个问题：男人需不需要这种牺牲？能不能承受这种付出？一旦男人把你的牺牲看成是一种负担，一种一辈子都偿还不了的债务，他就想逃离。而女人也容易把这种牺牲慢慢转化为一种控制："我既然为你付出这么多，你就得对我好，就得听我的！"一旦觉察对方心不在焉，自己的内心就会莫名其妙地恐惧，觉得对方不爱自己了，觉得对方不要自己了，觉得自己被整个世界抛弃了，就这样牺牲者往往变成了受害者！

这就是悲剧的所在：对待爱情，女人常常是飞蛾扑火，义无反顾；男人则往往像老鼠偷油，瞻前顾后。

我曾经做过一个形象的比喻：两性关系就像一个天平，和谐稳定的关系应当是处在同一水平线上，如果一头沉了下去，必然会导致另一头翘起来。对一个女人来说，如果你扮演牺牲者，就会吸引对方来扮演放纵者。它意味着你牺牲得越多，对方不仅不感激你，甚至会更加漠视你、轻视你。你成了天平往下倾斜的那一方，对方则成为天平向上翘的另一方。而且，这种牺牲不仅未使你得到内心的平静，反倒让你感到不满和愤恨。

结果呢，有些女人爱起来就疯狂，没人爱就很抓狂，最后只好逼得男人丧心病狂！

CHAPTER 3

安全感，男人给不了你

♥

　　这两年，我做了很多情感节目，发现全职太太的婚姻问题特别多。因为她们就常常喜欢扮演牺牲者的角色，靠牺牲自己的职业、青春、美貌来成就丈夫的伟业，但往往得不偿失，最后丈夫出轨的出轨，离婚的离婚。当然我不是反对女人去当全职太太，而是想说明当你作出这种选择时，你要首先考虑以下几个问题：

1. 是否心甘情愿？还是仅仅为了讨好丈夫和家人？

2. 是否感觉快乐？还是不快乐？

3. 是否全情付出之余依然有自我？还是完全失去自我？

4. 你的付出是否让丈夫始终心存感激？还是让他越来越无动于衷？

5. 家是你们俩共同分担？还是让他跟这个家渐行渐远？

　　也许有的全职太太会不以为然，认为自己是为家庭付出，难道不应该吗？请注意：付出跟牺牲是不一样的。对值得付出的应该肯定，不值得付出的就是牺牲。如果你一不小心嫁给人渣，姑娘很快变大妈！大叔和大妈虽然年龄相仿，但待遇截然不同：大叔有女人追捧着，大妈则被男人使唤着。

付出和牺牲的区别

1	付出是主动的、热情的	牺牲是被迫的、无奈的
2	付出完全不求回报	牺牲是为了得到某种回报
3	付出会让家人心存感激	牺牲只会让家人不堪重负
4	付出得越多越快乐	牺牲得越多越痛苦
5	付出者和另一方是完全平等的关系	牺牲者和另一方是不平等的关系

为什么很多女性在婚姻中会沦为牺牲者？那是因为弱者心态和依附心理。由于是弱者心态，所以产生依附心理。这种情况多半源自童年时她们为了讨父母欢喜，不被父母遗弃，于是小心翼翼、百般逢迎。即便长大以后，这种弱者心态和依附心理仍然会如影相随，并被带进了婚姻当中。当年的你牺牲自己讨好父母，今天的你依然会照葫芦画瓢，不知不觉地在丈夫和孩子面前扮演牺牲者的角色。

当一个女人不断牺牲，却得不到对方的感激和理解时，她就会自怜自艾，产生自我补偿的心理，从而在某件事上放纵自己（比如暴饮暴食，沉湎网络、电视，抽烟酗酒），甚至成瘾。在我做过的关于全职太太的节目中，如果是婚姻不幸的女人，她们或多或少都会有这样的问题。

CHAPTER 3

安全感,
男人给不了你

♥

在亲密关系中,扮演牺牲者的女性大都内心卑微和怯懦,觉得自己不可爱,不招父母和丈夫喜欢,或者在父母和丈夫面前觉得自己处处低人一等,只有靠不停地牺牲和奉献才能问心无愧。走出牺牲者的误区,首先要学会爱自己,其次在经济上和精神上都要学会独立。

为什么全职太太普遍幸福感低?那是因为女人在婚后容易把自己所爱的那个男人,渐渐当成儿子一样疼。虽然男人大都深爱自己的母亲,但母爱不是性爱。而且你要永远记住一点:你对他再好也始终代替不了他的妈,最终只会变成他的老妈子。

一个男人,结婚如果只是为了找一个像当年的妈妈那样照顾自己饮食起居的女人,那么这个女人很快就会在复制他母亲优点的同时,也在不知不觉中遗传了天下母亲们的通病——琐碎而唠叨。久而久之,老婆变成了老太婆,即便你人还没老,心已经老了!

在《女人不"狠",地位不稳》中我一直主张:男人对女人应该多一点爱,少一点了解,因为了解越多就越没了神秘感;女人对男人应该多一点了解,少一点爱,因为爱得过多就会变成母爱,就会变成男人的第二个"妈"。男人有一个妈就足够了,家里再多一个妈就永无宁日了。

天下最不幸的婚姻是：妻子天天围着丈夫转，丈夫审美疲劳；天下最幸福的婚姻是：丈夫天天围着妻子转，妻子神采飞扬。前者不幸的根源在于：妻子太把丈夫当回事，丈夫就不把你当回事；后者快乐的源泉在于：妻子越不把丈夫当回事，丈夫就越把你当回事。

所以，女人对爱上瘾也好，当全职太太也罢，忘我和牺牲的背后都是在依靠男人。总想依靠男人，是女性一切悲剧的总根源：如果你有这种心态，一旦婚后男人达不到你的要求，你就会抱怨，慢慢你就离怨妇不远了；如果你的老公太优秀，你又疑心生暗鬼，整天不是跟踪追击，就是明查暗访，最后就变成了泼妇。只有像我在《女人不"狠"，地位不稳》中所提倡的"三不"女人（思想上深藏不露，性格上捉摸不透，行动上飘忽不定的女人）那样，你才会幸福。所以，我认为真正理想的夫妻关系，应该是彼此独立而又相互依靠的，而不是单方面依靠男人。

美国著名心理学家保罗·费里尼说得好："不论哪一种欲望，都是出自'欠缺'的观念。"我本身欠缺某物，所以我要你给——因为我没钱，所以你要给我钱；因为我弱小，所以你要给我肩膀；因为我幼稚，所以你要给我经验和指导。如果得不到满足，我就会难过，甚至愤怒。这种心态在某些"物质女"、"拜金女"或者有"公主病"的小女孩身上，表现得尤为明显。她们找恋人、嫁老公，不

CHAPTER 3

安全感,
男人给不了你

♥

是把对方看成一个跟自己完全平等的人,而是在找钱包、找饭票、找依靠。她们不懂得男人有时候也是个孩子,英雄也需要抚慰,富翁也有变为"负翁"的那一天。

女性要想赢得男性的尊重,必须首先在经济上独立,否则即便在经济上找到依靠,在情感上也只能成为男人的附庸。男人轻则对你颐指气使,重则对你家庭暴力。这都是因为你没有独立的经济和独立的人格。老想依靠男人,是男权思想的残渣余孽,是男尊女卑的忠实粉丝。

如果你不想对男人失望,唯一的方法就是不要对他寄予任何希望。这不是绝望,这是爱情长久的唯一途径,所谓"三不"女人就是这样一种女人。

♥

三
如何消除
内心的不安全感？

方法一：直面心中的恐惧

　　一个人缺乏安全感，在很大程度上是因为恐惧。所有的负面想法，也是因为恐惧。美国心理学家保罗·费里尼说得好："正因你对恶心存恐惧，才会把恶弄假成真。"就像鬼，就是人在极度恐惧之下所幻想出来的。内心恐惧是一个人缺乏安全感最重要的原因。对女性来讲，在一段感情当中最恐惧的就是被冷落、被伤害、被抛弃。

　　过去，面对恐惧，大多数人只想到害怕、逃避、抗拒。殊不知，恐惧就像一个魔鬼，你越躲着它，它越如影相随；你越抗拒它，它越疯狂反扑。于是，有些人拿金钱、名声、权力当作挡箭牌，似乎只有这些东西才可以让他们逃离苦海。其实，它们就像毒品一样，可能会让人在短时间内获得快感，但却无法让人长久地抓住幸福，

CHAPTER 3

安全感，
男人给不了你

♥

而且一旦清醒过来会更加痛苦。

德国著名心理学家艾克哈特·托利说过："任何沉溺上瘾都源自你无意识地拒绝去面对和经历痛苦。"沉溺于金钱、名声和权力给你带来的快感，跟沉溺于毒品在本质上是一样的。一个人总是追求外在表象的东西，比如金钱、名声、地位，通常源自最深的不安全感。包括有些女孩感到孤单的时候，就想通过寻找一段爱情来掩饰自己的不安；有些"物质女"或"拜金女"，想通过傍大款来摆脱内心对贫穷的恐惧，都是一种饮鸩止渴。因为这种孤单和恐惧并非通过这样的寻找就能够获得解脱，反倒会愈演愈烈。

所以，当一个人面临恐惧的时候，回避、抗拒、掩饰都无济于事，只有迎向恐惧，穿越恐惧，才是化解恐惧的第一步。你感到痛苦吗？没关系，请你与痛苦在一起。你感到无助吗？请与无助在一起。认清自我，正确对待内心的善与恶，才能消除内心的冲突。面对恐惧，没有其他办法，只有直面它的存在，然后无所畏惧地穿越过去，就可以了。

方法二：学会聆听自己内在的声音

每个人都有一种内在的声音。它的任务是帮助引导我们、保护我们，当然有时候也提醒我们、警告我们。如果我们听从内在的声音，就会有种被领导赏识的满足感；如果我们违背了它，内心就会有着或多或少的不安感。

这种内在的声音，是我们一生中最好的导师，也是我们最好的闺蜜，它总会在我们最需要它关注的时候出现。它会给我们勇气，给我们鼓励，也给我们力量。它如同一双有力的手，可以把一个人从曾经巨大的伤痛中拯救出来。从这个意义上来讲，当今美国传媒界的女皇奥普拉·温弗瑞，就是靠这样不断聆听自己内心的声音，从童年的伤痛中勇敢地走了出来，并成就了一生的伟业！

奥普拉·温弗瑞，美国电视脱口秀女王，虽然她长相平平、肤色黝黑、身材肥胖，笑起来大嘴一咧，一生与美貌无缘，然而就是这样一个看似平常的女人，她主持的脱口秀节目却在一百多个国家播出，并且连续十六年稳坐美国日间电视谈话节目的收视率榜首。她还是美国第一个黑人亿万富翁，在2005年度《福布斯》"百位名人"排行榜的评选中赫然占据头把交椅，把麦当娜、安吉丽娜·朱莉等这一大串光彩照人的女星甩到了后面。

从曾经贫困、堕落的黑孩子，到坐拥亿万财富的世界名流，奥普拉的人生经历感动和激励了无数人。对全世界的观众来说，她就是美国精神与创业成功的典范。

CHAPTER 3

**安全感，
男人给不了你**

♥

对我这个情感作家来讲，奥普拉打动我的绝不仅仅是她的非凡成就和耀眼光环，而是她敢于在公众面前正视自己不堪回首的"童年创伤"。在镜头面前，她公开承认自己十四岁那年未婚生子，婴儿出生两周后不幸夭折；在媒体采访时，她毫不讳言地承认自己曾有吸食可卡因的经历；甚至在自己主持的节目中，她还坦诚九岁就被强暴的惨痛过往。这些被普通人看来是"重大耻辱"的疮疤，奥普拉却勇敢地袒露在她的3000多万名观众面前。

我看过奥普拉的传记，这位被美国《名利场》杂志评价为"在大众文化中，她的影响力，可能除了教皇以外，比任何政治家或者宗教领袖都大"的传奇女性，童年真的非常不幸，她是未婚妈妈所生，被父母遗弃，被男人强暴，少女早孕，吸毒堕落……可以说，这个世界上没有哪个小女孩像她那样，在十五岁之前就经历了这么多的人生惨剧！如果换一个人，她这辈子就彻底给毁了，可是奥普拉并未走向沉沦，她凭着"一个人可以非常清贫、困顿，但是不可以没有梦想"的执著信念，实现了从丑小鸭到黑天鹅的美丽蜕变。

那么，她是如何做到这一点的呢？换言之，一个私生女，又曾经被男人残忍地侵犯过的小女孩，是如何走出了童年巨大的阴影呢？在奥普拉不平凡的奋斗历程中，有一点引起了我的注意，那就是从少女时代起，她一直不间断地记日记，记下她生活的点点滴滴，更重要的是她对人生的种种感悟。在某种程度上，日记是她最好的倾诉伙伴，也是她最好的心灵医生，在她最低谷、最迷茫、最彷徨的时候，日记既承载了她身上的全部伤痛，也给了她的心灵最佳的抚慰！

这就是我认为的与内在的自我对话的最佳方式。这种方式让奥普拉重建了内心的安全感，也让她慢慢找到了自信。难怪奥普拉成名以后去一些大学演讲，经常鼓励大学生像她一样记日记。她说记日记让她从少年时代的愚笨和天真，一直成长为成年之后懂得如何过好每一天。

在日记里，奥普拉不止一次地告诫自己：要对自己的幸福负责，就要经常听取内心的声音，"你怎么知道你所做的是对的呢？只有一个方法，那就是经常听听你内心的声音吧！你的内心是你人生的导航系统。当你应该或者不应该做某事时，你的内心会告诉你怎样去做。关键是去面对你自己，面对你自己的内心。我所做过的所有正确选择，都是源自我内心的；我所做过的所有错误选择，都是因为没有听取来自我内心的声音。"

"我们都应对自己负责，不管胜利，还是失败"，这是奥普拉在主持脱口秀节目时经常说的一句话。这句话使她没有像许多成功人士那样，善于把自己包裹得光鲜亮丽，却不敢向大众坦白自己失败的过去。奥普拉敢于在记者面前、在自己的节目里裸露自己的

CHAPTER 3

安全感，
男人给不了你
♥

伤痕，跟她在日记里勇于解剖自己、拥抱自己是一个道理。我认为，她把演播室当成了日记本，她把所有热爱她的观众当成了自己最需要的朋友。正如奥普拉所言："你最害怕的东西本身其实并不可怕，是你的害怕使它显得可怕。只要勇敢地面对真相，你就会身心解放。"正如前面所言，敢于正视自己内心的恐惧，是奥普拉走出恐惧、消除多年的不安全感的第一步！

难怪，奥普拉这个名字在美国已经成为一种品牌和力量，她代表的是女人的一切。她吸引了各个阶层、各种肤色、各个国别和各种年龄的男女人士：老人喜欢和崇拜她；中小学生也迷恋于奥普拉疗理时间；她是那些三十多岁的困扰于肥胖和婚姻问题的妇女们的开导老师；丈夫和父亲们也打开频道，向她寻求处理家庭和单位中人际关系的答案；遭受过强暴凌辱的少女视奥普拉为知音，奥普拉是她们的偶像和榜样；二十多岁的妇女欣赏她那种沉着冷静地面对困境的风度；她也是寻求成功的黑人少年的榜样。美国一所大学甚至专门开设了一门课程来研究她，称之为"美国文化现象"。

从昔日的受害者成长为全美国民众的心理老师和心灵楷模，奥普拉没依靠任何男人的肩膀，她依靠的始终是自己。奥普拉的成功经验告诉我们：帮你走出人生困境的，除了你自己，别无他人。一个女人的安全感，归根结底还是要靠自己来建立。

不间断地记日记，就是每天与自己的内心进行一场别开生面的对话。奥普拉就说过："要把自己的内心作为自己的驱动力。"我相信，在这场长达几十年不曾间断的对话中，奥普拉建立了一种内在的成人的力量，代替原先未曾给过自己充分关爱的父母，给内心那个受伤的小孩以无尽的呵护。

这就是安全感得以建立起来的基石，一个女人要学会爱自己。不管有没有男人来爱你，只要自己给自己力量就足够了。奥普拉至今未婚，但不妨碍她过得很幸福，因为她的内心已经在自己不断的调整下变得强大起来，有没有男人走进她的生活其实已经无所谓了。

那么，如何更好地聆听自己的声音呢？除了奥普拉提到的记日记，安静地坐着或独自到一个安静的地方散步，把注意力完全集中于自己，集中在自己的内心，不让任何工作、情感的困惑打扰自己，平等而又平静地跟自己的内心对话，长此以往，你会获得意想不到的内在的力量。

德国著名心理学家艾克哈特·托利在《当下的力量》一书中指出："你对身体投入越多的意识，你的免疫系统就会变得越强，好像每个细胞都被激活并欢悦一样。你的身体喜欢你的注意力。它同样也是一个很强的自我治疗体系。"当你不能进驻自己的身体里时，大部分疾病就会趁虚而入；如果主人长期不在，各种角色便会"入

CHAPTER 3

**安全感，
男人给不了你**
♥

住"。而当你进驻自己的身体里时，一些不受欢迎的"客人"就会很难入侵。

相反，如果你不去倾听自己内在的声音，你就不懂得如何跟你所遭遇的事件去共处。不懂得跟它们共处，你就会始终处于焦虑和痛苦之中，无法获得内心真正的平静，疾病也会占领你的身体并长时间地残害它。

方法三：用爱来填补自己的心灵之杯

英国心理学家珍·尼尔森认为："孩童的两大需求，是在自己的父母那里获得归属感和确认自己的重要性。"这是一个人建立内心安全感的最重要的基石。反之，内心就会空荡荡的。一个人如果长年情绪不稳定，要么极端亢奋，要么极端抑郁，我们基本可以判定，他（她）特别缺少安全感，童年的时候他（她）极度缺爱。

美国婚姻情感专家盖瑞·查普曼指出："若要一个孩子的情绪稳定，必定要满足他某些情绪上的基本需要。在那些需要中，没有比爱和感情更重要的。他们需要感觉到有所属，有人要。"

请记住：

当一个人不断地渴求更多的金钱、更高的地位、更大的名声来满足自己的时候，其实他（她）真正渴求的只是爱。

当一个人不断地攻击别人、指责别人、挑剔别人的时候，其实他（她）真正渴求的是爱。

当一个人在亲密关系中总是喜欢强调对方是错的，他（她）才是对的，他（她）真正渴求的是爱。

当一个女人总是不停地追问伴侣到底爱不爱她的时候，她那样做的原因只是因为她感受不到爱。

当一个人害怕恋爱、恐惧婚姻，或者不停地陷入一夜情、婚外恋时，那是因为他（她）感受不到爱。

当一个人总是沉湎于网络、酒精、性爱乃至家暴时，他（她）同样是因为感受不到爱。

多年做情感咨询的经验告诉我，缺爱是一切痛苦的根源。正如缺钙会让人骨质疏松一样，缺爱会让我们内心空空如也。缺爱的人，尤其是女性，首先表现出来的心理特征是恐惧：害怕被遗弃，觉得自己不招人喜欢，老是担心自己没人疼，没人爱，被人瞧不起。由

CHAPTER 3

**安全感，
男人给不了你**

♥

此衍生出来的各种不安、焦虑、紧张、烦躁、畏缩、自卑，甚至刻意掩饰、盲目自大，都让我们仿佛被魔鬼附身，"不得开心颜"。

缺爱的人，无论男女，总喜欢不停地向外寻找，寻找对方的过错，寻找令自己满意的对象。殊不知，越找越失落，越找越痛苦，因为真正的爱不在外面，不在别人那里，而在你自己心里。一个内心缺爱的人，哪怕爱神来到他（她）面前，他（她）也感受不到丝毫的爱意。因为他（她）内心干涸，如槁木死灰，对方的到来只会加深他（她）的抗拒和更深的不安全感。

心理学告诉我们，每种负面情绪的产生，都是因为缺乏爱的缘故。而这种爱都是由内而外地涌现出来，这就是为什么我们不该向外寻找，不该回避自己的感觉，反倒应该进入感觉里。与其向外寻找，不如开掘内心。

当我们开始爱自己的时候，爱就会像一束光照进来，使黑暗的心房变得温暖，变得亮堂。我们只有更好地爱自己，才会更好地爱别人。就像奶水充足的妈妈，才能喂养好自己怀中的婴儿。如果母亲都吃不饱、穿不暖，孩子怎么会汲取到更多的营养？

那么，究竟什么是爱？古往今来，无数的文学家、哲学家、思想家以及心理学家都在思索这个问题，寻找最佳答案。在各种千奇百怪的答案中，我个人比较欣赏美国心理学家大卫·里秋于《亲密关系的重建》中对爱所下的定义："爱包括五个基本要素，当我们感受到关注、接纳、欣赏、情意以及包容时，我们是能感觉到被爱的。"

人的一生需要食物提供营养，同样，心理健全的人一辈子都需要这五种爱的元素：关注、接纳、欣赏、情意及包容。它们是心灵的补给品。

爱是一剂消炎药，能帮我们消除内心的种种病毒，包括恐惧、哀伤、愤懑、伤感。爱也是一股暖流，能抚慰内心每一处创伤。每天晚上临睡前，一个人安静地坐在床上，闭目冥想，告诉自己："这个世界上只有一个人最爱我，那就是我自己！""我要给自己最大的爱！"

方法四：培养坚强的自信

一个人总是缺乏安全感，在很大程度上是因为觉得自己不够好，没人爱自己，于是总是活在恐惧当中。只有培养出一份坚强的自信，才能消除内在的恐惧。

对一个不太自信甚至非常自卑的人来说，怀疑像一条毒蛇一样，

CHAPTER 3

安全感，
男人给不了你
♥

一直潜藏在心中。一旦亲密关系出了问题，或者面临重大转折（如结婚、怀孕、产子、对方突然升迁或发财），这条毒蛇就会一跃而出，咬向对方。比方说，很多人总怀疑伴侣会出轨，其实潜意识中他们是觉得自己不够完美，不够出色，不足以获取对方的爱。所以，这种怀疑表面上指向对方，其实是怀疑自己。

在我以情感心理专家的身份参与的相亲交友或情感调解节目中，我发现来相亲或求助的女性中最爱说的一句话是"我需要安全感"。在节目现场，我多次说过这样一段话：女人的安全感根本不取决于你爱的那个男人，而在于你内心的强大。否则，你老是不自信，哪怕你爱的那个男人生猛得像张飞，风趣幽默像孟非，财富多得像汪小菲，你的感情最后也会蛋打鸡飞！

自信和不自信的人，最大的区别在于心中有无真爱。自信的人有，不自信的人没有。自信的人看到的整个世界都是阳光的，不自信的人看到的世界跟他（她）一样阴郁。自信的人对每个人都敞开心扉，不自信的人对每个人都紧锁心门。自信的人认为别人都是充满善意的，不自信的人认为别人都想伤害他（她）。自信的人对人不会有太强的戒心，不自信的人对人怀有深深的防备之心。自信的人是乐观的，不自信的人是悲观的。自信的人敢于追求属于自己的幸福，不自信的人哪怕幸福来敲门，也躲躲闪闪，犹犹豫豫。

当你总是陷入负面情绪中无法自拔时，如果继续执迷不悟，只能徒增伤痛。换一种角度来看问题，也许会让你柳暗花明，重拾自信。

女性面对感情上常见的八种负面情绪的逆向思维方式

1	他不够爱我	你爱自己吗？
2	我总是对他不放心	你是不是对这段感情缺乏信心？
3	他不能给我安全感	你是不是对自己不够自信？
4	他总是伤害我	你是不是也喜欢伤害自己？
5	他有外遇了	是不是你们之间的感情出了什么问题？
6	他总是背叛我	是该离开这个不负责任的男人的时候了
7	他要离开我	你们缘分尽了
8	他要抛弃我	那是他的损失

有时候，一些外表看上去很强势、很厉害的女人，其实内心大多不太自信，甚至极度脆弱，所谓强势只是一个面具而已。而内心真正强大的女人，反倒外表看上去很平和，甚至温柔似水，如沐春风。可见，内心强大才是真正的强大，自己永远是自己最坚强的后盾。

CHAPTER 3

安全感，
男人给不了你
♥

　　这些年姐弟恋很流行，我发现姐弟恋80%以上都是女方有压力，因为女人总是拿安全感来说事，担心男人靠不住。前面说过，女人如果找个帅的、没钱的，或过于有钱的，都会强调没有安全感。其实安全感是靠自己建立的，跟男人无关。一个女人如果老是没安全感，就算世界首富和美国总统娶她，她依然会觉得不安全。因为她会担心自己守不住这些非常成功的男人，怕他们被别的女人抢走！

　　安全感，就像一个人的健康，女人只能自己给自己，别人给不了你！男人只能给你责任感，你想要的安全感和幸福感只能靠自己来建立。请记住：一个好的男人可以给你物质上必要的保障，给你婚姻起码的忠诚度，给你适当的体贴和温柔，但不要指望男人给你想要的一切，尤其是所谓的安全感和幸福感，它们都来源于你强大的内心和自信。至于一些女人会说"这个男人给了我很多安全感"，要么指的是这个男人很有责任感，要么就是一种盲目的自我安慰。

　　当然，也有一些女人强调"这个男人没有安全感"，其实只是一种借口或不满：要么她不够爱这个男人，就拿缺乏安全感作为挡箭牌；要么她觉得这个男人不够爱自己，希望他对自己更执著、更投入。

　　另外，一些女人在两性关系中总是缺乏安全感，也跟不懂得如何驾驭男人有关。在对待男人这个问题上，我认为婚前选择老公，女人要像猫捉老鼠那样，睁大眼；婚后跟老公相处，要像独眼龙照镜子，半睁眼。只有不自信的女人才对男人寸步不离，自信的女人，也就是我所提倡的"三不"女人，都对男人若即若离。不自信的女人把男人当弹弓，拉得越紧，飞得越远；真正的"三不"女人把男人当风筝，放得出去，收得回来。

总之，女人让自己有安全感的最好方法，就是让爱自己的那个男人变得没有安全感。（具体技巧和方法，请参见《女人不"狠"，地位不稳》第二章相关内容）

方法五：要学会"活在当下"

一个人缺少安全感的另一个很重要的原因，就是一直纠缠于过去，纠结于未来，没有好好享受人生的当下一刻。所以，国外很多心理学家针对此提出了一个口号："活在当下。"所谓"活在当下"，意思就是彻底放下过去，而不是把过去带到现在、把现在带到未来，只是接纳现在的样子。活在当下，并不代表一个人不思进取了，不去奋斗了，得过且过了，而是学会如何在当下找到快乐。

除非你现在快乐，否则就永远找不到快乐。所以，如果你现在不快乐，就别指望将来能找到快乐。把注意力放在当下这一刻，你的快乐就在这里。

CHAPTER 4
爱男人，先要学会爱自己

与其低微地去祈求别人的爱，

还不如爱自己多一点。

记住：

爱的第一步，不是如何去爱别人，

而是要学会爱自己。

一
攻击另一半，
其实
是在攻击你自己

我们看到的每个人、每件事都是内心的一种投射

打开心理学这扇大门，最重要的一把钥匙就是投射。什么是投射？简单地说，就是把自己的想法转移到别的人和别的事情上面。我们看到的每一件事，评价的每一个人，都是我们内心的一种投射。我们对外人的评价也是一种自我投射。

有一个典故最能说明"投射"的含义。文学大师苏东坡与好友佛印一起坐禅。某日，苏东坡问佛印："大师你看我的样子如何？"佛印说："在我眼中，居士像尊佛。"接着佛印问苏东坡："居士，你看我的样子又如何？"苏东坡揶揄道："像堆牛粪。"佛印听了，只是置之一笑。苏东坡回家后，得意地把这事告诉了妹妹苏小妹，苏小妹听完说："哥哥，你输了。一个人心里有佛，他看别的东西都是佛。一个人心里装着牛粪，什么东西在他眼中都是牛粪。"

可见，佛由心生，心中有佛，所见万物皆是佛；心中是牛粪，所见皆化为牛粪。我们看到的一些人和事，都是我们内心世界的反映。比如，今天涨工资了，心情特别好，你会觉得天特别的蓝，好像连老天爷都在冲自己微笑。天怎么会有表情呢？这无疑是一种投射，你把那种开心投射到天上去了，不知不觉中就会觉得老天爷也感受到了那份喜悦。反之，今天被老板骂了，或者刚跟恋人分手，走在大街上，你会觉得世界一片灰暗。哪怕周围传来欢笑声，你也会觉得是那么的聒噪和烦人。这也是一种投射，你把这种烦躁和压抑投射到了四周，别人在你眼中结果都成了讨厌鬼。

按照这种投射的原理，一个内心阳光的人，会觉得周围的人都

CHAPTER 4

爱男人，
先要学会爱自己
♥

是天使；内心卑微的人，会觉得世界上每个人都跟他（她）一样卑微，正所谓"以小人之心度君子之腹"；心怀恐惧的人，觉得身边全是坏人；个性挑剔的人，看谁都不顺眼。我们对周围不满，首先是自己的心态出了问题。

我认识一位大姐，心地很善良，就是嘴巴不饶人。每次见面，她不是指责她的领导，就是控诉她的邻居，要不就是疾言厉色地批判某些名人和社会现象。有一段时间，我不爱跟她聊天，就是觉得她身上正能量太少，总是喜欢放大别人的缺点。后来有一次吃饭，她多喝了几杯，我才知道她的生活很挫败：父亲去世早，她和母亲长期失和。因为母亲跟她一样倔，一样的爆脾气；自己的婚姻也很不幸，不到三十岁就离婚了，女儿跟了前夫；后来几段感情都只开花不结果，至今单身；来北京十多年，连房子都买不起，一直租房住。我找到了她嘴巴"厉害"的原因所在：自己的人生都一片灰暗，你叫她如何以阳光的心态去看待别人？

听一位心理咨询师说过这样一个案例：一个女孩在结婚后总跑回家跟母亲诉苦，说丈夫怎么怎么不好，有多少多少缺点。每次说完都一脸的委屈，好像她嫁错了人。母亲开始不说话，有一次实在忍不住了，就拿出一张白纸来放在桌上，用笔在上面画了一个黑点，问女儿："这里有什么？""黑点。"母亲再问："还有什么？""还是黑点啊！"女儿一脸的疑惑。母亲问了好几次，女孩都这么回答。

母亲无奈地苦笑:"一张大白纸你都没看见,为什么只注意到一个黑点呢?"

同样一张白纸,同样一个黑点,不同心态的人来看,效果完全不一样。对一个心态良好的人来说,白纸上的黑点基本上是可以忽略掉的;对心态不好的人来说,小小的黑点可以大过白纸,甚至忘记了白纸的存在。与其说这个黑点代表丈夫的缺点,不如说它一直存在于女孩的心底。

攻击伴侣,其实是传递一个信息:你不够好

国外心理学家做过一个实验:将半杯水放在一堆人面前,有的人第一时间反应是"水挺多的嘛";有的人则表示"水快没了"。两者都各有各的道理。对此,心理学家总结,前者的心态大都是积极、乐观、阳光的,后者则是消极、悲观、阴郁的。

可见,投射从情绪上看,既有正面的,也有负面的。正面的想法一旦转移到别人身上,我们看到的都是对方的优点,有时候还会把对方逐渐美化甚至神化,所谓梦中情人就是这么来的。我们把自己对另一半的完美想象寄托在了一个人身上,这是一种正面的投射。

CHAPTER 4

爱男人，
先要学会爱自己

♥

  当然，生活中我们遇到的，更多的是负面的投射。就是将自己不喜欢的想法、观念、情绪以及行为方式推到别人身上，认为是别人的错。孔子说：己所不欲，勿施于人。投射恰恰是，己所不欲，偏施于人！

  在我录制的很多情感节目中，经常听到很多妻子在说到自己丈夫的时候，不仅评价相当负面，而且带着很不好的情绪，常常感觉她们批评的那个人，不是她们的爱人，而是她们的仇人、敌人或者路人。在她们对伴侣深深的指责后面，我看到的分明是一个个对自己同样非常不满的女人。

  有一次做节目，我遇到一对夫妻，两口子都是外地来京打工的，结婚十多年来一直以卖菜为生。但妻子朱女士不甘久居人下，一天到晚催促丈夫发奋图强，但丈夫杨先生却总是安于现状，哪怕每天起早贪黑也毫无怨言，闲暇时间还打打麻将、念儿首舒婷席慕容的诗，倒也其乐融融。可一心幻想发家致富的妻子却心急如焚，于是，三天一小吵，五天一大闹，已成家常便饭。

  那天在演播室现场，朱女士整整一个小时就在那不停地数落丈夫的种种缺点和毛病，什么懒散啊，小气啊，没责任心啊，目光短浅啊，胸无大志啊，原先还望夫成龙，现在已是望夫生恨。录制现场沦为了批斗大会。

我实在听不下去了，就打断她的絮叨："你总觉得丈夫懒散、小气、没志向、没责任心？难道你就很勤劳、很大方吗？"

唠叨的妻子突然无语了。后来，从跟他们一起卖菜的邻居那儿得知：杨先生有时候是懒点儿，但没妻子说的那么一无是处。妻子朱女士也一身的毛病，邻居反映：有时候丈夫在看着摊位，她就偷摸溜出去瞎逛，半天找不着人；经常为一两毛钱，跟顾客吵得不可开交；很少给家乡的公婆寄钱，甚至丈夫想掏点钱孝顺父母，她也不依不饶的。看来，她指责丈夫的那些缺点，自己一样不少！

接下来我问朱女士："你不觉得你批评他的那些问题，在自己身上同样存在吗？你说他，就是在说你自己。你老这样没完没了的，不仅他不开心，你也不快乐！要想改变你们的夫妻关系，最重要的不是去指责他，而是反思你的问题。"

其实，不光这位妻子存在这样的问题，在很多情感咨询中，我也经常听到很多女孩说，她总是遇人不淑，总是恋爱失败，似乎问题都出在男人身上；在一些职场节目中，也经常看到很多员工在抱怨，老板怎么怎么不好，他出不了业绩，他要跳槽，他要改行。就这样，我们每个人都像一个功能强大的投影仪一样，每时每刻都在忙着把自己内心的不安和焦虑都投射到别人身上，却很少有人能够直面真相。

CHAPTER 4

爱男人，先要学会爱自己

♥

直面什么真相？

做一个实验，早晨起来，站在镜子面前，想象一个你最讨厌、最痛恨的人，他跟这面镜子并排站在一起，然后你指着他的鼻子大声地批评他、呵斥他。当你情绪越来越激动、面目越来越狰狞的时候，你是否注意到，你指责的那个人其实就是镜子里的自己？佛家也有类似的讲法，当你用一只手指指着对方的时候，在不经意间，还有三只手指却悄悄地指向了自己！

别人身上有时候投射的是自己的影子，你往往最讨厌、最痛恨的那个人，其实是你内心无法真正面对的另一个自我。那里充满了跟对方一样的缺点，我们不承认，只好投射出去。当你指责别人的时候，冷不丁你会发现，原来你看不惯的别人的那些缺点，你同样具备。

请记住：你对别人的看法，你对别人所说和所做的一切，都反映出你对待自己的真实心态。你讨厌别人，实际上就是讨厌你自己；你攻击别人，潜意识里就是否定你自己。喜欢搬弄是非的人，自己就没有起码的是非观，所谓"来说是非者，必乃是非人"。喜欢出口伤人者，骨子里对自己也很排斥。施暴者，必有自我毁灭的倾向。

伴侣是我们的一面镜子，通过对方，照见了我们自己的优点和缺点、长处和短处。我们攻击伴侣，其实就是攻击我们自己。倘若一再地攻击对方，其实就是在传递一个信息：我不够好，但我意识不到，我接受不了，于是我把这种负面情绪投射给了你。大家注意到没有，往往那种工作不如意，总觉得自己事事不顺，内心严重自卑的人，特别喜欢去攻击别人，尤其喜欢拿自己的伴侣和孩子当出气筒。在他们不停的宣泄中，其实宣泄的是对自己的不满。

前面提到，很多女性在恋爱时或结婚后总喜欢拿安全感说事，把缺乏安全感的原因归咎到另一半身上，这其实也是一种投射。她们不愿承认自己内心缺乏安全感，就投射到身边的那个男人身上。

无论我们评判或谴责他人身上什么问题，其实都是否定或排斥自己身上的问题。在这个过程中，我们好像看到的是他人，其实看到的是隐藏的自己。我们害怕自己没价值，担心自己不够好，在无意识中把这些特质转移到其他人身上，而不是接受他们。

一切不快乐的根源都在于我们自己，而不在于我们的伴侣、孩子、朋友、同事和敌人。如果不及时处理好这种情绪，我们就会把这种不快乐投射到他人身上，所谓"城门失火，殃及池鱼"，你的伴侣、孩子甚至敌人，都会成为你负面情绪的出气筒。生活中的愤青大多是失败者、倒霉鬼，他在愤怒地咒骂和攻击别人的时候，实际上是把自己的失败和悲催转嫁到别人身上，以获得内心的一种平衡。因

CHAPTER 4

爱男人，
先要学会爱自己

♥

此，要想停止攻击别人，最好先医治自己内心的伤口。那个医者不是别人，不是你的父母，也不是你的伴侣，只能是你自己。

投射不仅存在于现实生活的人与人之间——越亲近的人投射得越厉害，也存在于一个人过去与现在的对照中——过去的记忆会投射到你当下的生活中，越痛苦的记忆投射得越厉害。而我们跟伴侣的关系，更是儿时跟父母关系的一种投射。童年时与父母的关系处理不好的人，长大以后，要么拒绝亲密关系（害怕恋爱，恐惧婚姻），要么在进入亲密关系以后，重复童年时代的梦魇。前面提到：跟伴侣相处得越亲近，相处时间越长，越会不自觉地浮现出童年时代的种种不快乐和创伤，这也是一种投射。

己所不欲，勿施于人

那么，如何走出这种"己所不欲，偏施于人"的怪圈呢？

第一，要反省自己。

在两性关系中，一个人最大的痛苦、无奈、怀疑、愤怒都是来源于自己，或者是儿时的种种不快乐，只不过投射到了伴侣身上而已。所以，当我们跟伴侣出现种种问题的时候，我们不应去指责和抱怨对方，而是应先反省自己。

可是，在我们评判别人的时候，从来没有意识到我们其实是在说自己，一旦理解了这一点，我们就能纠正自己的看法，不再对他人乱加评判。因此，每当你兴起攻击别人的念头之时，内心要有个声音跳出来呵斥自己："是我的问题，是我的情绪出了问题，不要转嫁到他人身上。"美国心理学家保罗·费里尼说得好："我们在攻击别人时，心灵深处多少都会觉得自己该对攻击负起一些责任，只要意识到这一点，我们就开始痊愈了。"只有承认是自己的问题，是自己把别人无辜地卷入这场无谓的战争，我们才会意识到攻击别人背后的真正心理动机。

我想起了小时候看的电影《林则徐》，有个场景给我印象很深：林则徐作为钦差大臣去广州禁烟，一次他处理公务时勃然大怒，把一只茶杯摔得粉碎，旁边的人吓得大气儿都不敢出。这时他抬起头，看到大堂上面挂着的一块匾额，写了两个大大的黑字——制怒。林则徐忽然意识到自己的老毛病又犯了，因此谢绝了仆人的代劳，亲自动手打扫摔碎的茶杯，表示悔过。

从投射原理来看，当着别人的面发火，就是把自己的火气转嫁到他人身上，这是一种缺乏涵养的表现。火气太大的人，应该像林则徐那样，要有自知之明，加强修养，注意"制怒"，心平气和，

CHAPTER 4

爱男人，
先要学会爱自己

♥

以理服人；不可放纵心头无名之火，否则既伤害他人，也伤害自己。

第二，要停止评判。

在人际交往中，在亲密关系里，我们习惯于扮演公诉人、法官和辩护律师的角色，要么动不动就想控告对方，要么随便下结论，在头脑里给对方判了刑，或者在对方批评自己的时候总是在狡辩，其实我们越这么做，越会把自己变成另外一种可怕的角色——囚犯。在这种无谓的评判中，我们无形中把自己囚禁了起来，身心痛苦，不得自由。上一章提到，唯有心怀恐惧的人，才会靠不断地批判别人来获得内心的平静。因此，要放下心中的评判，多用慈悲的眼光看待这个世界，多发现别人身上的善，这样怀疑和恐惧才不会重返你的心中。

第三，要学会认错。

不要再为自己的行为辩护了："老婆（老公），对不起，都是我的错，我攻击你不是因为你不好，而是我害怕，我觉得自己不够好，希望你原谅我、帮助我，跟我一起分享快乐，也跟我一起分担痛苦，好吗？"这是前面提到的那位卖菜的妻子朱女士，最后对丈夫杨先生的一番表白，那一刻她泪流满面，她也意识到了自己的问题。只有当我们将无端的攻击转化成爱的呼唤时，伴侣才会真正走进我们的内心世界，帮我们抚慰内心的那份酸楚和伤痛。

二
你害怕自己的阴影吗?

阴影决定我们该如何看待自己

前面谈到了投射,接下来读者也许会问这样的问题:为什么会有投射?为什么我们会把自己不能接受的缺点强加到别人身上?为什么我们总是喜欢批评和指责自己最亲的伴侣或恋人?

答案很简单,因为我们接受不了自己的阴影。

所谓阴影,包括压抑的感受、否定的情绪、隐藏的冲动和难言的苦衷。它是我们不想走近的黑暗房间,不愿揭开的惨痛记忆,不肯碰触的负面想法。

阴影是自我的一部分,是隐藏的自我,是我们的心魔。比如,

CHAPTER 4

爱男人,
先要学会爱自己
♥

在《白蛇传》中,白蛇化作美丽善良的女子白素贞来到人间,爱上了书生许仙。然而,当白素贞跟许仙感情愈加深厚的时候,心里反倒愈加沉重,她总是担心自己会猛然间被打回原形,变成可怕的蛇。不愿让许仙看到的蛇身,无疑就是她的阴影。

阴影作为人性的另一面,是一种客观存在。就像有白天就必定有夜晚,有光明就必定有黑暗,有警察就必定有小偷,有厨房就必定有厕所,是一个道理。电流都有正负两极,一枚硬币不可能只有正面而没有背面。无条件的爱和被禁锢的欲望,也恰似一枚硬币的两面。所谓"一念天堂,一念地狱",只要是人,就会有理智与情感的冲动,就会在善与恶之间不断挣扎,就会在欢乐与痛苦、希望与失望、幸福与不幸之间来回纠缠。这就是真实的人性。所谓的完美是根本不存在的,因为它违反科学、违反人性,就如同让我们生活在一个永远只有白天没有黑夜的世界,对不起,那样的世界根本不存在,也不可能存在,即便真的有,人也会疯掉的!

阴影对我们的日常生活影响很大,它决定了我们想做什么,不想做什么;什么东西我们无法抗拒,什么东西我们拼命回避;我们喜欢什么样的人,讨厌什么样的人。面对金钱、性及其他一切诱惑,我们是压抑自己,还是放纵自己,抑或坦然面对?当然,最重要的一点,阴影决定我们该如何看待自己,是自我鼓励,还是自我否定。如果把自我比喻成一位皇帝,阴影就是躲在幕后总爱指手画脚的那位皇太后。尽管皇帝都不喜欢皇太后干政,但你不能无视她的存在。所以,对于阴影,要学会了解它,对付它,解决它。

越否认自己的阴影,阴影越会跳出来干扰你的生活

如果我们不能正视自己内在的压抑和冲动,就等于否认阴影的存在。阴影日积月累,就会变成一只凶恶的猛虎反扑过来,不仅毁灭我们自己,也会毁灭我们的亲人。哪里有压迫,哪里就有反抗,我们越压制自己性格中不光彩的一面,它越会跳出来证明自己的存在。最后就会出现所谓的阴影效应。

迈克尔·杰克逊的人生悲剧,就是来自阴影效应。他不停地整容,不断地追求完美,都是由于他的黑皮肤、大鼻子。

如果说,他无休无止地"漂白"自己,是因为美国根深蒂固的种族歧视;他总是跟自己的鼻子过不去,则来自父亲的嘲弄。小时候,他硕大的鼻子就经常被父亲和哥哥奚落,这成了他巨大的心理阴影。后来,哪怕他名气再大、钱挣得再多、粉丝见了他再疯狂,也无法抵消他对自己的厌恶和不满,因为他长了一个难看之极的鼻子!他不停地拿鼻子开刀,不停地给鼻子美容,就是在跟自己内心的阴影做斗争。

CHAPTER 4

爱男人，
先要学会爱自己
♥

然而，命运似乎跟他开起了玩笑：他的皮肤越来越白，相貌越来越年轻，打扮越来越时尚。人们在这位光彩照人的天皇巨星身上，再也找不到当年那个貌不惊人的黑小子的影子。但是只要把镜头推上去，他的那个鼻子依然让人感觉怪怪的，似乎看上去还是那么的大，那么的不协调，那么的不舒服。我估计，到了夜深人静的时候，迈克尔无论是坐在镜子前，还是躺在床上，依然会为他的鼻子纠结、难受、痛苦。这就是一个巨星挥之不去的阴影。尽管他可以呼风唤雨、指点江山，却奈何不了长在嘴巴之上的那个鼻子。

其实，有时候我在想，迈克尔一辈子纠结的真的只是那个鼻子吗？其实不是，鼻子只是一个外化物，鼻子后面总有一个声音在不停地敲打他："你太丑了，你不够好，不够优秀！"就像当年他的父亲总是在斥责他、嘲弄他一样，长此以往，这个声音变成了一个内在的挑剔的声音。哪怕他功成名就，却依然芒刺在背。他不停地整容，其实就是一个不停地跟自己的阴影做抗争的过程。

迈克尔的悲剧提醒我们，面对内心的阴影，不能回避，也不能抗争，而是要学会去理解它，包容它，接纳它。否则，就是自欺欺人，就是自作自受！

那么，如何察觉自己身上的阴影呢？如果你具有以下诸多特征中的一条，就说明你有阴影；如果超过三条以上，则说明你的阴影较为严重,必须面对和正视。

你身上有阴影吗?

1	你有不为人知的过去或不想让人分享的秘密,你为此感到痛苦和羞愧。
2	你总是蓄意隐瞒和欺骗身边的亲人朋友,害怕表现出真实的自我。
3	你总是习惯于指责和批判他人,包括身边的伴侣和孩子,但很少反思自己的问题。
4	你害怕承担责任,出了事就把责任推到他人身上,把自己撇得干干净净。
5	一旦有了负面的想法和情绪,你不是极力否认,就是疯狂逃避。
6	在外人面前,你总是把自己包裹得很严,但是在夜深人静的时候,你却总是独自一人舔舐着自己的伤口。

2010年获得奥斯卡奖的美国影片《黑天鹅》,就是一出讲述如何正视自己心理阴影的寓言剧。

外表端庄而秀丽的尼娜,是个优秀的芭蕾舞演员。一次偶然的机会,她得以出演《天鹅湖》中的女一号,同时扮演白天鹅和黑天鹅两个角色。对此,她的艺术总监,法国男人托马斯表达出了某种

CHAPTER 4

爱男人，
先要学会爱自己

♥

疑虑："四年来，你的每一次舞蹈都毫无瑕疵，但我在你的舞蹈中却从未感受过内在的激情，从未见你真正地释放过自己。"

不错，白天鹅的矜持和优雅是尼娜的本色，她完全可以做到挥洒自如，但是，要如何化身为邪恶而妖冶的黑天鹅，这是摆在尼娜面前的一大难题。

影片用了很大的篇幅来表现尼娜的日常生活：出生单亲家庭，从小父爱缺失，由于非婚生女而不得不终止舞蹈生涯的母亲，把女儿培养成为一名芭蕾舞演员的同时，也把女儿变成了一个典型的禁欲主义者。尼娜个性呆板，为人拘谨，除了母亲，她不跟任何人交心；除了母亲，她在生活中几乎也没有任何朋友。因此，这个二十八岁的女人虽然很美，却始终没男人来追求。她不够性感，她不够奔放，她身上缺少吸引异性的荷尔蒙。

而且，从尼娜的舞蹈中也可以看出，她的动作很标准、很正规，但不够柔软和灵动，给人的感觉像石头一样坚硬和顽固。没有人会愿意和一块石头跳舞，也没有人愿意和一块石头做爱，更没有人愿意和一块石头生活在一起。

电影看到这里，一个巨大的问号开始横亘在我的心中：这个在生活中看似"无可挑剔"的芭蕾舞者，难道就真的像白天鹅一样圣洁无瑕吗?

我注意到,在专横的母亲面前,她并非言听计从,而是在乖乖女的外表下时时流露出一些烦躁和忤逆。当托马斯以男人的身份对她进行挑逗时,她开始躲避,继而羞怯,再往后则是躁动不安,蠢蠢欲动。显然,欲念的大门在不经意之间已经打开了。

影片中,多次出现尼娜一个人坐在镜子前面的场景。镜子里的她,孤独而阴郁。随着情节的展开,镜子里的那个她,越发的诡异而疯狂。在她向黑天鹅这个角色不断走近的时候,她内心深处的那朵恶之花,更是迫不及待地含苞欲放。背上抓破的伤口,断裂的指甲,幻觉中的黑色羽毛要刺穿皮肤冲出身体……这些都是尼娜内在的阴影。在她矜持端庄的外表下,所有的人,包括她的艺术总监、她的同事、她的母亲都被蒙在鼓里,无从得知。可是,当她独自把自己关在房间里时,她却要面对真实的自我,还要承受真实的自我带来的巨大的心灵冲击。这就是人性永恒的主题:善与恶之间的斗争。可惜,尼娜接受不了内心不断涌现出来的这种"恶",她不断地自残的同时,内心也陷入了疯狂的被害妄想中:新来的同事莉莉热情好客,很想主动接近她,却被她怀疑为一个处心积虑想抢她角色的"坏人"。一人分饰二角的痛苦,让她渐渐走向了人格分裂。

影片的最后一场戏堪称经典。欲望带来的憎恨让尼娜产生了幻

CHAPTER 4

爱男人，
先要学会爱自己
♥

觉：为了保住自己出演黑天鹅的机会，她在化妆间里杀掉了莉莉。此刻，她邪恶的自我彻底迸发，好似黑天鹅灵魂附体。之后，她登台饰演黑天鹅，一口气做了 25 个挥鞭转，这既是舞剧《天鹅湖》的高潮，也是电影《黑天鹅》的高潮。在这组镜头里，尼娜在观众面前展现出了一个完全不一样的自我：斜飞入鬓杀机四伏，浑身闪烁着欲念。白天鹅"圣洁无瑕"的一面没了，黑色的羽毛钻出了身体，羽翼渐丰，翅膀渐硬，"神性"与"兽性"齐飞，"天使"共"魔鬼"一色。在全场暴风雨般的掌声中，她完成了"黑天鹅"的角色，也借着黑白天鹅的两重躯壳，找到了真正的自我。

尼娜最后的蜕变告诉我们，一个人只有真正面对自己的阴影，才有可能完成自己在事业上乃至心理上的凤凰涅槃。反之，如果我们不去处理自己的阴影，它将对我们和伴侣的亲密关系及人际交往产生消极的影响。它会在我们和伴侣之间筑起一道墙，让我们看不清别人的真实想法。它会干扰我们的注意力，使我们无法正确认清事情的本来面目，只会强迫我们纠缠于别人的错处。

比如，前些年，媒体总是在报道歌坛玉女布兰妮和金童贾斯汀的各种绯闻，在他俩的分分合合之中，我就看到了分明是布兰妮的阴影在作祟。当初他们分手，布兰妮给出的理由是：贾斯汀出轨了。后来媒体从消息灵通人士那里获悉，其实是布兰妮不忠在前。顶着"好女孩"光环的她，无法正视自己内心"恶"的基因，一方面不停地通过给贾斯汀戴绿帽来展现真实的自我,另一方面把这种不忠的罪名转嫁到恋人身上,这就是一种负面投射。

阴影让我们极力否认自己身上存在的问题,并把这些问题投射到别人身上,强迫别人充当自己各种负面情绪的替罪羊:本来是你自己不够好,摇身一变成了你觉得别人不够好。这就是阴影和投射之间的内在关系:阴影是"我不好,但我否认",投射把阴影变成了"我很好,但你不好"。这是一种情绪上的自欺欺人,更是一种不负责任的嫁祸于人!

只有直面阴影,我们才会懂得宽容和慈悲

可见,阴影是回避不掉、否认不了的。只有直面心中的阴影,我们才会懂得宽容和慈悲。不仅面对自己要有宽容和慈悲,面对他人更应如此。当他人的阴影呈现在你面前时,你会放下评判的戒尺:"哦,原来他跟我一样,都有同样的问题。"

具体来讲,就是当阴影已经给自己的生活带来消极影响时:

首先,要学会去承认阴影。问问自己,有哪些阴影?再追根溯源,阴影是怎么来的?童年的创伤?父母的离异?或者过大的工

CHAPTER 4

爱男人，
先要学会爱自己

♥

作压力、生活重担？还是对自己过多的苛求？

　　第二，要学会拥抱自己的阴影。阴影并不可怕，不要把阴影看成敌人、当成恶魔，而是要当成调皮的小孩、可敬的对手。它给我们理性的生活提供玩乐，是我们成功道路上的动力。要想过得开心、舒心、顺心，要想跟伴侣和谐相处，就必须学会拥抱自己的阴影，和我们曾经厌恶的那些冲动和怪癖做朋友。

　　第三，经常跟伴侣分享自己的各种感受。把他（她）当成你的聆听者、辅导员、治疗师，让阴影出现在阳光下，它就无处遁形，就难以发威了。小时候看《聊斋》，知道对付"鬼"的最好方法，就是让它从黑夜走进光明。显然，伴侣就是那个帮你捉"鬼"的人。过去的创伤，只有暴露在空气和阳光之下，才有痊愈的可能。用心理学的说法，必须把潜意识的痛楚带到意识层面才行。

　　第四，经常冥想、运动，跟内在的身体对话。（具体详见本章第四节）

三 请在伴侣面前摘下你的面具

每个人都有属于自己的心灵之杯

近些年，娱乐圈出现了一个非常有趣的现象，那就是有不少喜欢在公众和媒体面前秀恩爱、晒幸福的所谓模范夫妻，反倒纷纷离婚。这是为什么？不少网友给出的理由是"娱乐圈太乱"，好像这个圈子就是一个大染缸，只要进来了，肯定会同流合污。然而，我却不这么认为。

明星也是人，谁不想成家立业，谁不想过幸福美满的生活？然而，作为明星，他又不是独立的、自由的个体，所谓"人在江湖，身不由己"：他的形象很重要，他的人气更重要，为此他必须在公众面前展示自己光鲜亮丽的一面。但只要是夫妻，只要有家庭，难免磕磕碰碰，难免吵吵闹闹。对于普通人家来讲，这些都是司空见

CHAPTER 4
爱男人，
先要学会爱自己
♥

惯的。明星不行，他们是媒体眼中的标杆，是粉丝心中的偶像，必须是幸福的、完美的，不能有任何的纰漏和瑕疵。退一步来讲，即便有了纰漏和瑕疵，也不能让媒体和粉丝知道。正是这种对完美的期许，逼得明星只好戴着面具而活，而真实的自我则被层层包裹了起来。久而久之，大众只看到明星光环的一面，却看不到其阴影的另一面。前面提到，阴影出现，如果不正确面对它、及时处理它，它就会疯狂反扑，甚至像一头怪兽一样，反过来吞噬你的正常生活。最终，阴影爆发的那一天，也就意味着明星的那张完美面具被彻底撕裂。

这种面具就是心理学上经常提到的一个词——假我，它跟真我形成鲜明的对比。不过，有一点必须要指出来，在这个社会上，隐藏真我、展现假我的并非只有明星一种人，很多地位显赫的成功人士都戴着面具而活。当然，有的人未必很成功、很辉煌，也总是把自己隐藏得很深。至少有一点可以肯定，社会文明程度越高，受教育程度越高，在公众面前，一个人越会用假我来替代真我；彼此越不熟悉、越客套，对方展现假我的几率就越高。

这里又涉及一个问题：什么是真我，什么是假我？如何分辨真我和假我？

如果从字面上来讲，真我就是真实的自我；假我就是虚假的自我，或者叫戴着假面（面具）的自我。要想分辨真我和假我，先要认识一下自我。

自我是心理学上非常基础的，也是经常使用的一个概念，指的是一个人对自己的认识。再具体一些，大致包含三方面内容：一是对自身生理状态的认识和评价，包括对自己的体重、身高、身材、容貌以及性别方面的认识；二是对自身心理状态的认识和评价，主要包括对自己的性格、气质、情绪、理想、信念、兴趣、爱好、能力以及优点、缺点等方面的认识和评价；三是对自己与别人的认识和评价，包括自己和亲人、伴侣、孩子的关系和认识，以及自己在一定社会关系中的地位、作用等。

当一个人坠入爱河，为何大都显得如此兴奋、如此年轻而又如此美丽？那是因为，爱情让他（她）深深体会到了自我的价值感。对一个男人来说，追求到自己喜欢的女人很有成就感，此刻他的自我价值获得了对方的认可；对一个女人来说，被自己钟情的男人所爱，会产生一种特殊的认同感。这都是自我价值的体现。因此，西方很多心理学家都认为，寻找爱情，其实就是寻找自我。人们在爱情中之所以获得极大的满足，是因为自我的价值获得了认同。由此可见，对男人而言，对女人付出爱，就是男人自身的价值得到证明；对女人而言，被男人所爱，也是自身的价值得到认可。

自我相当于一个人的根，也是心灵的故乡。每个人都有属于自

CHAPTER 4

爱男人，先要学会爱自己

♥

己的心灵之杯，它就是自我。失去自我就等于失去了自己的心灵之杯，它是我们产生恐惧、失落、自卑、怀疑、担心、冲突的根源。

心灵之杯如果总是空空如也，会导致三大恶果：

一是，我们特别需要一些外在的物质来填补，比如金钱、房子、名誉、官位等。就像一个总是饥肠辘辘的人，如果你不给他提供营养食品，他就会迷恋各种垃圾食品，久而久之，就会营养不良，甚至罹患各种疾病。

二是，我们会被外部世界所左右，就像一个空杯子很容易被人拿走、使用，是一个道理。一些热衷于傍大款、找富婆、屈从强权、依附对方的男人或女人，都是这种心灵之杯"空洞无物"的人。

三是，我们渐渐失去了真实的自我，被一个虚假的自我所控制。这个假我像祥林嫂一样，总在我们耳边喋喋不休："我一定要成功！""有了钱就有了一切！""有房有车才有安全感！""嫁个有钱人就等于嫁给幸福！"谎言重复一千遍就是真理，渐渐地，我们就会认同这种物质化、功利化的思维模式，认为成功等于快乐、有钱等于幸福。为什么很多成功人士并不快乐？有钱人并没体会到幸福？那是因为他们从未实现真正的自我，而是被虚假的自我所欺骗。

人的内在越脆弱，越会依赖于身外之物

人为什么会有欲望？因为内心有缺失，所以想依靠外在的一些东西来弥补。但心灵之杯跟这些物质并不相容。换句话说，一个人得了肝病，一个庸医却叫你去做透析，这只能导致你的病情越发严重。而这个医生就是假我。

假我总是对"身外之物"很有兴趣。如果，在一段时间里，你总是对金钱、房子、权力、名声过于执著，你是被假我给控制住了。

人的内在越脆弱、心灵越空虚，越会追求或依赖外部的强大，比如，炫目的财富、显赫的权势以及巨大的名声。而此刻，假我仿佛一个邪恶的神灵一样，控制着我们的生活，我们的思想，我们的一举一动。它会让我们沉迷在物质的享受中，会让我们迷失在外部的喧嚣中，它是一个疯狂的赌徒，让我们无条件地为它押宝，被它掏空，而难以自拔。

说到这里，我想请各位读者仔细思考你是否具有以下症状。

1. 你是不是每天都在为生计不停地奔波？

2. 你是不是每天考虑最多的就是如何挣钱、怎样升职？

CHAPTER 4

爱男人，
先要学会爱自己

♥

3.每天的奔忙并未让你感到真正的快乐，反倒你总是处于焦虑和不安当中？哪怕你早已有房有车，你依然感到不满足？

4.除了工作、应酬和做家务，你很少有真正属于自己的空间？哪怕休息，你也一刻静不下来？不是上网、游戏，就是约朋友吃饭、泡吧？你很少真正静下心来跟自己好好相处一下？

5.作为一个已婚女性，你每天脑中装得最多的就是老公和孩子？就是如何给他们洗衣做饭、管好家务？你曾经的理想，你无数的爱好，你过去的朋友，都在你不停地忙碌和付出中被你渐渐淡忘了？

如果你有至少两个以上的症状，对不起，你的生活已被假我控制住了。换句话说，你在渐渐远离真正的自我。

假我和真我的区别

1	假我让我们的心灵之杯空空如也	真我让我们的心灵之杯充实而丰盈
2	假我让我们只看到外部的世界	真我让我们时刻关注自己的内在
3	假我让我们对金钱、权势和地位向往不已	真我让我们看轻身外之物，看重内在之身

4	假我让我们内心躁动不安	真我让我们的内心宁静祥和
5	假我让我们沉迷于过去的伤痛和对未来的期待当中	真我让我们真心地接纳当下
6	假我让我们欲壑难填	真我让我们心怀感恩
7	假我让我们的眼神变得贪婪	真我让我们的眼神变得平和
8	假我让我们远离真爱	真我让我们赢得真爱

在生活中我们总是戴着各种有形无形的面具

最关键的一点就是：假我让一个人在不知不觉中戴上了一个面具。

字典里对于"面具"的解释是：起遮挡作用的外罩，有时候是用来伪装的。戴上面具，会给人带来安全感。在我参与的众多情感调解类节目中，来到现场的当事人大多戴着面具跟主持人和专家交流。为什么会这样？我猜想有两个原因：第一，不愿让亲朋好友看到，俗话说"家丑不可外扬"，何况在电视这样一个影响很大的公

CHAPTER 4

爱男人，
先要学会爱自己
♥

众媒体上谈论家长里短更没"面子"。第二，也是更为重要的一点，面具是起遮挡作用的，遮挡什么呢？遮挡住人的真实自我。每个人的真实自我其实是很脆弱、很无助的，如果彻底地暴露出来，别说外人受不了，连自己都扛不住。这时候面具就派上用场了，就像人哭的时候，都习惯用手来遮住眼睛和面部一样。

在生活中，我们总是戴着各种有形无形的面具：当我们愤怒的时候要努力克制，当我们悲伤的时候却要面带笑容。长此以往，面具背后那个真实的自己被我们忽略了、遗忘了，甚至被我们给否定了。比如，在心理咨询中，我经常注意到某些人总喜欢戴着面具去社交、去恋爱。他们的真实心态往往是这样："如果一旦展露了真实的一面，别人就不会喜欢我、接纳我。"可见，越依赖假我的人，越不敢把真实的一面展现在外人面前。一个人越不敢承认真我，就越依赖那个被包装过的假我而活。

有时候，我们不敢和伴侣分享真实的内心感受，是因为我们害怕对方不敢接受我们真实的一面。这往往导致一个非常可怕的后果，相处了大半辈子的夫妻还不怎么了解对方，唯有在决定分手或离婚的那一刻，才像压抑已久的火山一般突然爆发，说出一些虽然真实但却令对方胆战心惊的话来。由此可见，生活中的假面夫妻何其多也！

包括我自己也有类似的问题。我妻子也经常觉得，在外人面前和在她面前的我是两个人：在外人面前，包括在媒体面前，我总是正襟危坐、故作深沉，一副所谓"作家"的派头；而两人独处时，我坏笑，我懒散，我神经兮兮，还偶尔恶作剧。虽然有时候她也讨厌我身上某些地方，但总体来讲，她似乎很接纳那个真实而不完美的我。这也是我们俩十多年感情风雨无阻的重要原因。因为她接纳的是那个真实的我，虽然毛病一大堆，但不乏可爱之处，而不是那个似乎还不错但有点假模假式的作家。

但为什么我在外人面前老是给人一种装腔作势的感觉呢？我终于明白，是追求完美的个性害了我，让我不知不觉中戴上了一个面具。其实，那个故作深沉、彬彬有礼的我是假我，而在老婆面前无拘无束的我才是真我。我的人格分裂既是社会逼的，也是自我囚禁的结果。

美国著名心理学家黛比·福特是这样评价"面具"的："面具是我们展示给世界的美丽面孔。"然而，面具戴久了，我们就摘不下来了。这会导致两个后果：

第一，我们终日戴着面具而活，甭说是别人，恐怕连自己都分不清哪个是面具，哪个是真实的脸。

小时候看《三国》，我一直喜欢曹操，不喜欢刘备。那时候不

CHAPTER 4

爱男人，
先要学会爱自己
♥

知道什么原因，只感觉曹操活得真实，刘备做得虚伪，虽然曹操不少人骂，刘备许多人夸。但现在知道了，曹操是个敢于展现真我、敢于正视自己阴影的人：他敢爱敢恨、敢哭敢骂、敢吵敢闹，高兴了就端起碗来吃饭，生气了就放下筷子骂娘；他有时候很无耻，有时候也很残忍，但他不装腔作势，不文过饰非。

刘备却是始终戴着面具的人，包括他当着赵子龙的面，把赵子龙从千军万马、刀光剑影当中救出来的自己的幼子阿斗给扔在地上，说什么"为了你这个小儿，差点折损我一员大将！"都透出一个字：假！甚至刘备临终在白帝城跟诸葛亮托孤，还说过这样一番话：儿子就交给您了，请您尽心辅佐，如果阿斗不争气，您可自行处置。这把诸葛亮吓得出了一身冷汗。

过去史书上对刘备最后的托孤评价很高，说他对诸葛亮真正做到了推心置腹、无话不谈，你看连"儿子万一不行，天下就交给你了"这种话都敢说。可我从中感受到的却是刘备的惺惺作态。这些年，研究了心理学，我相信刘备也许并非刻意在演戏，而是出于某种需要，他要戴着面具而生，这有笼络人心的目的，也有自我保护的需要。戏开始是演给别人的，但演到后面，连自己都人戏不分了。可见，假我的面具戴久了，那个真我别说是外人，连自己都恐怕找不到了。

第二，面具戴久了我们会觉得很累、很不自在，那不是真正的自我，因此，我们总想找个机会把面具摘下来透口气。不过，面具这玩意儿，戴上去容易摘下来难，若要强行摘掉，反倒痛不欲生：面具下面早已是一张伤痕累累甚至血肉模糊的脸，我们无法面对。

美国流行乐坛天后小甜甜布兰妮，就是被完美的面具包装得太久，以至于迫不及待想摘掉它。结果呢，给自己，也给周围的亲人和恋人带来了无尽的烦恼和痛苦。

众所周知，布兰妮自出道以来，一直保持着一种非常清纯乃至近乎圣洁的形象，她多次跟媒体表示会在婚前保持童贞，她被英国的宗教组织封为"圣女"，成了无数少女学习的榜样。

然而，就是这样一位被美国唱片工会认证为"有史以来唱片销量最多"的女艺人，这样一位左右全球流行风尚的纯情玉女，却在2006年年底忽然陷入癫狂状态：她先是被狗仔队拍到去夜总会跳舞时没穿底裤；三个月后，她又被发现在另一家夜总会和两个舞女大玩性游戏；没过几天，她跑到一家廉价发廊，亲自动手把自己一头秀发全部剃光；再往后，她在母亲的劝诱下，被安排进入了一家康复中心治疗，在那里，她多次歇斯底里地叫嚷："我是骗子！我是个冒牌货！"她还时不时冲到大街上央求普通人和她合影。这一切的一切，都让人如此的匪夷所思，如此的瞠目结舌。

CHAPTER 4

爱男人，
先要学会爱自己
♥

为什么一个纯情玉女一夜之间会性情大变？她是失恋了？被男人欺骗了？还是唱片销量急剧下滑？或者受了什么刺激？她有家族精神病史吗？

都不是。

她的事业一直如日中天，她的家庭、她的母亲也很正常。在此之前，虽然她刚跟第二任丈夫离异，给她的心情造成了一定的影响，但还不足以把她逼到彻底失控的状态。那么，究竟是什么原因导致这位新时代的"圣女贞德"瞬间堕落？

在我看来，是她自己。她早就厌烦了乖乖女的标签，她想迫不及待地摘下"圣女"的完美面具，她不喜欢自己的巨星光环，从她在康复中心高喊"我是个骗子，是个冒牌货"，再到大街上央求普通人跟她合影，都在传递一个强烈的信号：所谓的明星，所谓的玉女，都是假的，都是包装出来的，她要丢掉那个假我，找回真我。这个真我就是一个无拘无束，想干什么就干什么，天不怕地不怕的小女孩。哪怕是个捣蛋鬼她也愿意，因为那才是真实的她。

接下来，读者也许会问：既然布兰妮压根儿就不愿当什么"小甜甜"、乖乖女，那么是谁逼她非要去戴上那些让她厌烦至极的面具，贴上那些标签的？

是媒体，是粉丝，更是她的母亲林恩。

我看过一些相关报道：布兰妮所谓好女孩的形象，是她母亲精心打造出来的。

大约从两三岁开始，林恩就开始栽培她的宝贝女儿，唱歌、跳舞、试镜、表演，基本上充斥了孩子的整个童年时光。后来，布兰妮在流行乐坛的所谓辉煌和成就，与其说是自己的天赋和努力的结果，不如说是得力于母亲的主宰和支持。她的乖乖女形象，一方面出自唱片业的包装，另一方面也来自母亲的潜台词：做我的女儿，就要乖，就要听话，不许有任何忤逆的举动！

这里涉及一个很关键的问题：一位巨星的诞生，如果都是来自母亲强加给她的意志，而不是自己内心深处的渴望，这会导致什么样的后果？

一是不开心，二是不情愿，三是去反抗。

她成名之后所做出的上述种种匪夷所思的举动，可以看出是在和母亲较劲，跟母亲摊牌：我不愿意听你的安排，我不愿做那个好女孩，因为那不是真实的我。

CHAPTER 4

爱男人，
先要学会爱自己
♥

在她跟贾斯汀的关系中，这种离经叛道就更明显了。有一次，贾斯汀在飞机上对一个乘客发牢骚说，布兰妮根本不是什么玉女，他们早就有性关系了。他有被骗的感觉。没多久，这对金童玉女四年的恋情也宣告结束。可见，玉女是假我，是面具，是做给大众看的，而那个自由自在、我行我素的个性才是布兰妮的真我。

布兰妮的悲剧带有一定的普遍性，为了讨父母喜欢，为了少受批评和责备，我们就像布兰妮一样，努力让自己变得更乖、更听话、更顺从，久而久之，我们给自己的心灵建造了厚厚的堡垒。这堡垒成了虚假的自我，真实的自我像个囚犯被关了起来，常年不见天日。囚犯并没有死去，他总想逃离出来，终有那么一天他还是不以你的意志为转移，越狱而出。那一刻，你才发现，他不仅没有被驯服，反倒更加狂躁。

因此，摘掉假我，直面真我，核心还是要正视自己内在的阴影。最好的办法，不是把它像罪犯一样囚禁起来，而是跟它做朋友，直面它的缺点、它的不堪。告诉它：有些毛病，人人都有，无需克服；有些问题，一起面对。要接受内心的阴影，理解它，超越它。

♥

四
爱自己，就是接纳自己的不完美

接纳自己的不完美，才能接纳伴侣的不完美

在《女人不"狠"，地位不稳》出版之后，我陆陆续续收到了很多读者的来信，其中尤其是女性读者都表达了这样一种看法：她们认为我在书中所讴歌的"三不"女人是一种完美的女人，她们要认真效法、认真做到。

我在回信中是这样阐述我的观点的："三不"女人实际上并不完美，如果真的完美的话，她也没必要深藏不露、捉摸不透、飘忽不定了。"三不"女人只不过是活在相对自我的世界里，她首先爱自己，其次才会爱男人。不过，这也是"三不"女人吸引我，以及吸引很多男人的魅力所在：一个整天围着男人转的女人，必然会让雄性动物丧失征服的乐趣。

CHAPTER 4

爱男人，
先要学会爱自己
♥

要说"三不"女人跟传统意义上的好女人最大的区别，我总结起来就是一句话：前者首先为自己而活，后者只为男人而活。造成这种区别的原因，那就是前者会爱自己，后者不会爱自己或者根本不懂得爱自己，只好靠疯狂地对男人好或向男人索爱来证明自己的存在。当一个女人不懂得爱自己，或者还没学会爱自己的时候，她就开始失去了女性所应有的魅力，这就是女人总是被男人伤害和抛弃的总根源。

怎么叫爱自己？或者说，如何爱自己？这就涉及到本章的一个主题：接纳自己。换一种说法，一个女人要想爱自己，第一要学会接纳自己，因为我们都是不完美的。这个世界上，真正完美的男人和女人都不存在，即便有，那也是假象。就像我上文提到的布兰妮，她早年在媒体面前展现的完美的纯情玉女的形象，就是她的母亲和媒体共同打造出来的一个面具。面具之下，是一个极度疯狂、极具破坏力的"坏女孩"。这个"坏女孩"并不快乐。要想走出生活的误区，对布兰妮来说，不是进一步追求完美，而是放下对完美的虚幻追求，去真心地接纳完整的自己，包括自己身上不完美的另一面。

一个人首先要学会对自己负责，才能对他人负责。首先学会接纳自己的不完美，才能接纳别人尤其是伴侣的不完美。反之，一个人如果总是执著于自己不够好，甚至一无是处，带来的结果要么总是折磨自己，要么就是找借口去修理别人。

在很多情感节目中，我经常听到一些女性抱怨："都是因为他，是他让我不开心、不快乐、不幸福！"不错，伴侣的想法和感受有时候会影响你，但请你记住：外因要通过内因来起作用，决定你是快乐或悲伤的始终是你自己。如果你内心足够强大，你就像一座坚固的城堡，哪怕天兵天将合围而来，也休想打开一个缺口。当年岳飞抗金，岳家军百战不殆，赢得"撼山易，撼岳家军难"的美誉，可见打铁还得自身硬，我的内心我做主，别人左右不了你！

接纳自己，关键是学会处理自己的各种负面情绪

一个人快乐与否，不取决于他人，只取决于你的心态。对于一个女性来说，爱自己，首先是接纳完整的自己，包括自己身上的种种不完美。这其中，关键是要学会处理自己的情绪，特别是各种负面情绪。这个处理不好，就称不上是接纳自己。

只要是人，都有正面情绪和负面情绪。就像有白天就会有夜晚，有光明就会有黑暗，有吃喝就会有拉撒一样。我们不可能只有白天，没有夜晚，否则人休息不了，一天到晚处于极度亢奋当中，迟早会疯掉。如果说，正面情绪代表白天，负面情绪就是黑夜。

当各种负面情绪突然出现的时候，怎么办？每个人的处理方式

CHAPTER 4
爱男人，先要学会爱自己
♥

不一样：有人压制，有人否认，有人投射，有人逃避。

结果，怎么样呢？在我看来，都无济于事。为什么？那是因为：

第一，情绪就像弹簧，你越压它，它反弹起来越厉害。学过中学物理的都知道，当甲乙两个物体相互作用时，甲对乙的力叫作用力，乙对甲的力叫反作用力，作用力和反作用力总是大小相等、方向相反。同理，当你去压制你的负面情绪时，它就会产生反作用力。

第二，负面情绪是种客观存在，怎么否认？如果我们总是视而不见，负面情绪就会累积成巨大的心理阴影，让我们痛苦不堪。渐渐地，我们感受不到自己内心真正的情绪，就像一个戴着面具的假面人，行尸走肉般，全无活力。

第三，投射只会影响伴侣之间的亲密关系。前面提到，投射是建立在否认的基础上的，自己接受不了的，就扔给别人，而且越是亲密的人投射得越厉害。很多情感关系出了问题，恰恰是双方都不敢正视自己的问题，把责任推给了对方。

第四，逃避是各类上瘾症的罪魁祸首。如果一个人沉溺于网络游戏、疯狂性爱以及酒精、毒品、药物，都是逃避负面情绪的结果。

由此可见，当负面情绪登门造访之时，压制、否认也好，投射、逃避也罢，只会变本加厉、雪上加霜。

那该怎么办？除了接纳别无他法。

首先要承认它，其他不需要做什么。不要对抗，不要否认，不要逃避，更不要投射给自己爱的人。无论是愤怒、恐惧、哀伤、嫉妒或攻击，只要来就承认。然后，接受那种感觉。再往下，就是找出负面情绪频频出现的理由，安抚它，就像对待一个可怜的孩子。最后，告诉它，你要跟它站在一起，共同面对，慢慢调整。

总结起来，就是四步法。

处理负面情绪的四步法则

1	我承认。
2	我接受。
3	找原因，去安抚。
4	慢慢调整，努力超越。

CHAPTER 4

爱男人，
先要学会爱自己
♥

  假如你是一个很爱生气的人，老感觉有股无名火堆在胸口，只要稍不顺心就想发脾气，或者想找人吵一架，你的伴侣、孩子为此苦不可言，你也无可奈何，那么，下次遇到这种情形，我建议你采用这种"处理负面情绪的四步法则"，而不要刻意压抑自己，更不能把你身边的亲人当成你负面情绪的替罪羊。

  具体来讲，当你忍不住要发火了，你就在心里跟自己说："我承认我发火了"、"我接受我发火的事实"。等你重复两遍，你的火气就会渐渐平复下去了。然后，找出你爱发火的原因，是工作压力太大，还是跟伴侣在相处中出现了问题？抑或你从小成长环境不理想，比如父母离异？家里总是硝烟不断？等等。然后，告诉自己，我会慢慢调整，我会过得更好。这种调整，关键是多培养正能量，努力超越负能量。

  请注意，面对负能量，我用的是"超越"这个词，而不是"打败"或"消灭"。因为负能量相当于人性的阴暗面，是一种客观存在。前面提到，人是善与恶的结合体，只要人这个物种不消失，恶的基因就难以排除。面对恶，我们根本消灭不了，就像我们期待光明，但黑夜依然存在，要想迎来黎明，我们只能穿越黑夜。因此，面对各种负能量，我们唯一能做到的就是承认它、接受它、超越它，就像穿越黑暗一样。通过看见、接受并坦承自身的恶，我们才会认识、体会并活出自己的善。

这就是接纳。所谓接纳自己，关键是学会处理自己的负面情绪。

在三十岁之前，我曾经被负面情绪所缠绕，由于事业不顺，经常换工作，我感觉很挫败、很消沉，又无处发泄。我当时的女朋友，也就是我现在的太太，有时候就沦为了我的出气筒，我们俩的关系一度剑拔弩张。现在想想，我就是把工作中遇到的挫败感投射到了她的身上。后来，我在研究心理学的过程中，逐渐掌握了这种"四步法"，心情也好了，事业也顺了。当然，最重要的是我跟她的感情也雨过天晴，并顺利走入婚姻。

总结起来，当初负面情绪多，恰恰是因为我否认自己很挫败，总想努力证明自己。结果，越否认，越挫败。后者就像一个可怕的影子一样跟随着我。直到我开始承认并接受这种挫败，并找出我挫败的原因：从小被父母不太正确的教育方式所打压，造成我有了特别想出人头地的愿望，然后安抚它、拥抱它，并努力调整它、超越它，我才走出了失败的阴霾。

可见，面对负面情绪最好的方法，并非逃离它、否认它、打压它，而是去承认它、去感受它、去穿越它。当我们总是跟各种负面情绪较劲儿时，它是我们的敌人；当我们接纳它时，它成了我们的朋友。

我很喜欢李安的一部电影《少年派的奇幻漂流》，相信很多人

CHAPTER 4

爱男人，
先要学会爱自己
♥

都看过。影片中 80% 以上的镜头，都是一个少年和一只老虎在茫茫大海上独自漂流的场景。一开始，少年和老虎势不两立，不是你想吃了我，就是我想打败你。慢慢地，在艰难的生存环境中，二者学会了互相适应、互相接纳、互相沟通，最后少年和老虎同舟共济、结伴而行，成功地抵达了希望的彼岸。

其实，在少年所经历的这场残酷漂流中，老虎并非是真实存在的，只不过是一种象征，象征人在极端环境下暴露出来的兽性。少年与老虎从抗争到友好的过程，代表了人性和兽性之间的二元关系：当少年跟老虎对峙时，犹如一个人对负面情绪的抗争，只会激化矛盾、加深痛苦；而当少年跟老虎和平共处之际，无疑隐喻了人对各种负面情绪的全心接纳。虽然李安不是一名心理学家，但这部电影却很好地阐释了"接纳"的含义：真正的接纳代表的是积极的面对，而非消极的承受，更不是无谓的抗争。

女人的淡定和自信，就来自于对自己的完全接纳

在当今依然活跃在影坛的众多女演员中，梅丽尔·斯特里普是我最喜爱也最欣赏的一位。

曾经，我迷恋过费雯丽、英格丽·褒曼、奥黛丽·赫本，喜欢

过吉永小百合、林青霞、张曼玉,她们不仅美貌绝伦,而且演技出众。她们很好地诠释了"美丽"这两个字的含义,并通过银幕上不朽的角色告诉我们:美丽不仅仅在于脸蛋儿和身材,更在于头脑与智慧。

斯特里普,一度并未进入我的视野当中,虽然我承认她的演技很好,但她的长相实在打动不了我这个视觉动物。作为明星,斯特里普的长相确实离美女的标准太远。她的鼻子太长,下巴太尖,身材平板,哪怕在她风华正茂的黄金年代,她也缺少傲人的乳峰和丰满的臀部。有人说她的长相好似巫婆,这个评价过于刻薄,但站在外貌协会的角度上看,她与性感和美丽实在无缘。

但近年来,这个年纪越来越大、演技越来越辣的女演员,却凭着她不俗的表演、坚定的意志和强大的自信深深吸引了我:17次奥斯卡提名,3尊小金人,26次金球提名,8次获奖,外加一次戛纳影后和柏林影后——无数的奖项与荣誉,可谓"前无古人,后无来者"。哪怕没有青春和美貌,斯特里普依然成为全球所有演员和影迷高山仰止的一座丰碑。

身为影评人多年,我知道演艺圈对于女演员来说,其实是非常不公平的。为什么这么说呢?因为男演员只要演技好就行,对相貌和年龄要求不多,反倒长相越丑、年龄越大,对男演员越有利。女演员必须年轻美貌,否则别说走红,连进这个圈子都很困难。

CHAPTER 4

爱男人，
先要学会爱自己
♥

　　斯特里普却完全打破了这个魔咒。她的相貌，哪怕在少女时代，恐怕也不会勾起导演们想潜规则她的欲望，何况她早已年过半百，在大多数女演员基本嫁人息影或者只能甘当绿叶给人演妈的年龄，她不仅长年盘踞女一号的宝座，反倒越来越红，近十年还多次被评为"好莱坞十大最具票房号召力"的明星之一，五十岁以后还获得九次奥斯卡奖提名，六十三岁那年还第三次捧走奥斯卡影后桂冠。这需要何等的意志？何等的睿智？何等的自信？

　　这些年热衷于探寻心理学的我，又对这位影坛常青树燃起了浓厚的兴趣：在花无百日红的演艺圈，为什么她能做到越老越走红？在美女如云的好莱坞，既不年轻也不漂亮的她靠什么来赢得奥斯卡，靠什么拥有巨大的号召力？

　　仅仅是演技吗？似乎没那么简单。

　　在斯特里普凭《铁娘子》一片第三次登顶奥斯卡后，我到网上专门搜寻了不少有关这位传奇女星的资料和采访。我发现，懂得接纳自己的"不完美"，是她能够活到老、演到老并一直红到老的心灵"法宝"。

　　在一次采访中，斯特里普坦承，她从小对长相确实不够自信：鼻子上架着厚厚的眼镜，套着整形牙箍，个子在同龄人中异乎寻常。

为此她也自卑过，不过这并不能掩盖她演戏方面的天赋："我不想当明星，我只想当演员。明星，观众记住的是样貌；演员，观众记住的是角色。"所以，当别的女明星把精力都花在如何打扮自己、装靓自己、炒作自己的时候，她却把全部身心放在了表演上，"反正我不漂亮，这是改变不了的事实，那就好好去演戏吧，让角色为自己添彩！"每个角色几乎都让她掏空了自己。"我把所有梦想、疯狂和激情都放在了表演上。"

斯特里普告诉记者，在刚进这个圈子时，她确实遇到过一些尴尬的情形，比如有的导演嫌她鼻子太长，有的跟她配戏的男演员嫌她个子太高，为此，有的角色也失之交臂了。谈到这些，她大都一笑置之："我会告诉自己：'没什么，还有机会呢！''放松点，亲爱的！'"

对于渐渐老去这个敏感的话题，斯特里普就更不在意了。"变老的好处，就是当真的有戏找你拍的时候，经常会是很有趣的戏。"针对一些上了年纪的女演员纷纷靠整容来留住青春，斯特里普的回答透露出一份自信和从容："我没去整形，我觉得人应该欢迎年老的到来。生命是很珍贵的，当时光渐渐流逝的时候，你会发现每天都是一份恩赐。"

我们常说一个女人要学会淡定，保持自信。那么，这份淡定和

CHAPTER 4
爱男人，先要学会爱自己

♥

自信从何而来？就是善于接纳，接纳自己的不完美，接纳自己的现状，不去刻意改变，不去迎合时尚，永远活在当下，活出真我。

所谓"三不"女人，并不是完美无缺的女人，她跟普通的女人不一样的地方在于：她敢于接纳自己的不完美，她懂得处理自己的负面情绪，她不会让男人为自己的不快乐买单，不会把感情的失败归咎于没遇到好男人。而无数怨妇的产生只有一个原因：她把自己的负能量一股脑儿投射到了男人身上，她从没学会去接纳那个不完美的自己。这样只会导致恶性循环，每遇到一个男人，她就把自身的不足投射出去，逼得男人落荒而逃之后，她就会说："男人都不是什么好东西！"表面上她被男人伤害，其实是被自己伤害，自己身上的不完美她接受不了，就扔给了她身边的男人，再反过来伤害自己。

因此，接纳自己就显得尤为重要，当我们学会接纳自己的不完美，就等于接纳了对方的不完美。真正的感情和谐就在于接纳彼此，包括彼此的不完美，包括彼此的现状。具体来讲就是：

1. 接纳自己的现状。

你一直在努力，不必刻意去强求什么。一旦真正接纳了自己，所有的自卑自责、自怨自艾都会烟消云散。

2. 接纳别人的现状。

伴侣是我们的一面镜子，你怎么对待你的伴侣，就是如何对待你自己。当你总是为自己的问题而怪责别人时，你就始终不会接纳自己。如果你选择他（她）作为你的伴侣，就要学会去接受他（她）的不完美，欣赏他（她）的闪光点。当你真正接纳了对方，你就获得了一份包容和慈悲。

3. 接纳目前的生活现状。

接纳你目前的生活现状，不代表你始终安于现状、故步自封、得过且过，而是让自己那颗躁动的心平静下来，怀着一颗感恩和慈悲的心来看待自己，看待伴侣，看待目前拥有的一切。只有先接纳，才会去改变。显然，这比你盲目地否定一切，只想迅速改变要来得从容，来得大气。

高中期间我做过一段时间的班长，其中一项工作就是帮助班上学习较差的同学进步。当时年纪小，脾气急，见了这些差同学，只知道居高临下、盛气凌人。最终，效果没达到，反而得罪了不少人。后来，班主任给我总结了工作方法，其中说过这样一段话："你去帮助一个同学，千万不能抱着否定他们的心态，你越否定，他们越抗拒。相反，你先去肯定他们，接纳他们，把他们当成跟

CHAPTER 4
爱男人，
先要学会爱自己
♥

自己一样的好孩子，他们才会真心走近你、认同你，才会产生改变现状的想法。"

其实，心理问题和感情问题也是这样，将欲取之，必先予之。如果所谓的提高和调整，都是建立在否定自己、否定他人的基础上，无异于拔苗助长、沙滩建屋。而且，这种强大的作用力还会产生同样强大的反作用力，往往导致事半功倍、得不偿失。只有深深地接纳它，才能治愈它、调整它。

五 女人要学会狠狠爱自己

黄脸婆是怎么来的?

我曾经接触过无数婚外恋的案例,有一位刘女士给我的触动很大。那次她来见我,她看上去怎么都像个快五十岁的人,当她讲述她那段失败的婚姻时,我怎么也不相信她的实际年龄才三十五岁。

她身材肥胖又臃肿,眼神迷乱而飘忽,两个大大的眼袋就像两个下垂的乳房一样提醒着我,她似乎青春已逝。名牌大学毕业的她,曾经拥有一份诱人的职业:一家大型涉外公司的英文翻译。然而,这段婚姻却把她给彻底毁了。

在我看来,悲剧是从她嫁给他的那一天开始的,虽然她并不自觉:那一年,她才二十三岁,当别的女孩子还在为自己的事业努力

CHAPTER 4

**爱男人，
先要学会爱自己**
♥

打拼的时候，她却着急地把自己嫁了出去。老公比她大七岁，是一个私企老板。

"我老公比较传统，他希望我婚后不要出来工作，就在家做全职太太。"

"那你愿意吗？"

"我开始不愿意，但为了老公，为了这个家，我愿意牺牲。"

她以为牺牲小我能成就大我，没想到差点儿把这个家、这段婚姻也彻底牺牲了。

婚后第二年，她生了个女儿，婆婆不满意；第三年，她又生，还是个女儿，这下轮到丈夫不高兴了。她觉得自己的肚子不争气，为什么就不能生个儿子呢？她遍访名医、遍寻秘方，终于，皇天不负有心人，第四年，她为丈夫续了香火。可此时，她已心力交瘁。

从她的谈话中，我得知，丈夫虽然有点积蓄，但花钱花得很谨慎。按照她的表述是"多一分钱绝不乱花"，除了坐月子请过月嫂，这么多年，家里钟点工都没有："什么都我干，洗衣做饭，收拾屋子，带孩子。到后来，三个孩子上下学都是我自己开车去接送。别说是他，婆婆也不管。"

她告诉我，十多年来，她每天起早贪黑、忙里忙外，从来没为自己花过什么钱，也没给自己添过什么像样的衣服，甚至连女性应有的化妆品都少得可怜，"一切都是为了孩子，为了老公，为了这个家。"就为了这三句话，她不仅工作辞了，英语丢了，朋友也越来越少，到后来，她连镜子都很少照了。"开始是没时间、没精力，到后来也不想照了，知道自己成了黄脸婆，怕照镜子吓到自己。"

再后来，她发现老公下班越来越晚，回家越来越少，直到有一天，那个女人直接打来电话，跟她摊牌，要她离开她老公，她才知道问题的严重性。"我当时都懵了！"老公在外面有"小三儿"都两年了，她竟然一直蒙在鼓里。

她跟老公吵，跟老公闹："我为这个家付出这么多，你为什么这么对我？"老公无语。她又问我同样的问题，我的回答斩钉截铁："你老公出轨，有他的问题，也有你的问题。"

"怎么会有我的问题？我哪里做错了？"

"你从头到尾都做错了！你不该为了他辞掉工作，失去自我；你不该为了他连生三个孩子，把身体搞坏；你不该只知埋头为这个

CHAPTER 4

爱男人，先要学会爱自己

♥

家，而不为你自己考虑！刘女士，你最大的问题就是，你眼里只有老公、只有孩子、只有家，而没有你自己！你不懂得爱自己！"

这回轮到刘女士无语了。

我发现，很多女性在情感方面，之所以总是兜兜转转、跌跌撞撞、磕磕碰碰，乃至悲悲切切，不是遇人不淑，不是不懂另一半，而是不懂得爱自己。所谓爱自己，在心理学上确切的说法，就是对自己的深深接纳。一个不懂得接纳自我的人，会觉得自己不够好、不够美、不够优秀、不够成功、没人疼、没人爱，久而久之，内心就会积压很多的失落、愁苦或者怨恨、愤懑，往往会出现两种极端：一种是哪怕你恋爱了、结婚了，你跟他之间也只是索取、占有、猜忌、控制和彼此之间无休无止地伤害。另一种是你一直在不停地付出，表面上你是对他好，你似乎心里有爱，但其实你心里很空，所以只有靠不停地付出来证明自己的存在。你把对方，也把这段婚姻当成了救命稻草，因为你是一个溺水的孩子。你患上了一种"良家妇女综合症"。

这个观点我在《女人不"狠"，地位不稳》中提到过，刘女士就是属于后一种情况，她患的是典型的"良家妇女综合症"。很多女性婚前是对爱上瘾，婚后则会患上这种症状。

为什么很多女性会患上"良家妇女综合症"？因为她觉得自己不够好，不配获得真爱，所以就靠盲目的付出来讨好对方、向对方乞怜，如同一个奴仆靠不停地干活来幻想得到主人的施舍。这不是爱，因为真正的爱首先来源于自爱，是建立在彼此之间的平等之上的。这种盲目的付出，换来的不是男人的感恩，而是轻视，甚至是背叛，就像奴仆永远得不到主人的尊重一样。患上这种综合症的女人很容易变成黄脸婆。

黄脸婆是怎么来的？一方面是男人不懂珍惜，更主要的是女人不知自爱。刘女士很不幸，就是这样的女人。

刘女士告诉我，从小相貌平平、家境贫穷的她一直都很自卑。她考上名牌大学，她选读英文，都是在为摆脱这种自卑而努力。"我为什么那么早就结婚了，我是觉得自己不够好、不够漂亮，再不抓紧就更没人要了！"而婚后的疯狂付出，也是源自内心的一种不自信，觉得自己不漂亮、不完美，就把全部精力放在家庭和孩子身上。殊不知，一个不自爱的人，又怎么有能力去爱别人？又怎么能赢得男人始终如一的爱？

如果一个女人连自己都没有找到，你如何能够找到你的另一半？如果你自己都感受不到快乐，你怎么能跟他一起去分享快乐？如果你根本就不爱自己，你怎么能够做到去爱别人，或者让他来爱你？

CHAPTER 4

**爱男人，
先要学会爱自己**
♥

还没学会爱自己之前，切莫去爱别人，因为你心中没有爱，一个没吃饱的母亲，如何去喂养孩子？

小芳今年才二十四岁，却已失恋四回。从小父母离异，跟着母亲长大，缺少父爱的她，四段恋情无一不是爱上了比她大十多岁甚至近二十岁的中年男人，分手是因为对方难以忍受长时间总是在扮演父亲的角色。四个男人如出一辙地离开她，显然她不是在寻恋人，而是在找父亲。在咨询中，我告诉她，父亲是父亲，别的男人可能会让你产生对父亲般的依赖感，但不会永远承担父亲的职责，除非他也在找"女儿"。

要想真正成长，一是必须从寻找父亲的幻觉中醒过来，二是学会开发自己的潜能，而不是把自己当成一个嗷嗷待哺的婴儿一样扑进男人的怀里。真正的爱，不是从他人身上搜寻珍品，而是在自己的内心发掘出埋藏已久的宝藏。这就是自爱。自爱是爱人的先决条件。总喜欢从别人身上索取爱的人，都是不懂得自爱的人。一个不懂自爱的人，总喜欢用不尊重自己，也不尊重对方，甚至自残自虐的形式来表达内心的那份饥渴和无助。其实那不是爱，真正的爱不是单方面的索取，更不是要挟，而是彼此的付出和尊重。

小芳的失恋跟刘女士遭遇到的婚外恋，看上去毫无共同之处，其实两个女人骨子里都一样：不懂得爱自己。

爱的第一步，不是去爱别人，而是爱自己

按照前面提到的投射原理，你对伴侣付出什么，就是对自己付出什么。爱对方，深层次就是爱自己。这跟我们平常所说的"帮别人就是帮自己"、"与人方便就是与己方便"是一个道理。如果一个人不懂得爱自己，总是向外寻找爱、渴求爱，就像一个乞丐总是去向他人乞讨一样艰难。一旦这种寻找发生错位或者断裂，他就会怨天尤人，以至痛不欲生。

与其低微地去祈求别人的爱，还不如爱自己多一点。记住：爱的第一步，不是如何去爱别人，而是要学会爱自己。

在中国历史上，有两种女性我最钦佩：一种是像花木兰、梁红玉这样的巾帼英雄，一种则是以苏小小、赛金花为代表的青楼名妓。前者敢于在疆场上跟英雄豪杰一较高低，堪称巾帼不让须眉；后者在大门不出二门不迈的闺阁年代，抛头露面，笑傲江湖，在情场上引无数公子王孙竞折腰，活出了一种洒脱，爱出了一份率真。这其中，钱塘名妓苏小小更是成了男人心中的一个梦，女性眼中的一座碑！

苏小小，传说中名气很大，青史里却不见踪影。传说她爱过一个豪门公子，爱也算爱得轰轰烈烈，可是公子在被父亲召回之后，便像断了线的风筝一样没了消息。苏小小呢，当然也伤心难受过，

CHAPTER 4

爱男人，
先要学会爱自己
♥

但她并没像被负心郎抛弃的霍小玉那样从此一病不起，也没像刚烈如火的杜十娘似的来个怒沉百宝箱，而是收拾了下心情，重新上路，桃花灿烂般的继续活跃在文人墨客的世界中，而那段伤心往事早已像一阵青烟似的飘散在钱塘江上了。后来，她还急公好义，资助一位穷书生进京赶考，后者金榜题名之时，不想却是前者魂断钱塘之日。书生抚棺大哭，在她墓前立碑曰：钱塘苏小小之墓。

当然，苏小小的早逝并非是因为失恋和相思，而是一场突如其来的重病。她并没有像林黛玉那样自怨自艾，而是恬然释然。她觉得自己死于青春华年，反倒可以给世界留下一个最美的印象。她甚至认为，死神在她十九岁那年造访，乃是老天爷对她最好的成全。她不用像很多妓女美人迟暮和人老珠黄之后，惨遭男人的背叛。

这个活了不到二十岁的奇女子，从此便成了一段传奇：李贺为她赋诗一首《苏小小》；白居易到杭州做官，去她墓前凭吊："苏家小女旧知名，杨柳风前别有情"；余秋雨在他的那部超级畅销散文集《文化苦旅》中，也辟出了专门的篇幅来谈及这个姑娘："她比茶花女活得更为潇洒。在她面前，中国历史上其他有文学价值的名妓，都把自己搞得太逼仄了，为了个负心汉，或为了一个朝廷，颠簸得过于认真。只有她那种颇有哲理感的超逸，才成为中国文人心头一幅秘藏的圣符。"

去年，我到西湖游览，也专门去看了下那闻名已久的苏小小墓。墓不高也不大，在众多西湖名景中，似乎很不起眼，但却也让人流连。当时我就在想，一个被公子王孙始乱终弃后的姑娘，为何如此看得开？在"失恋33天"之后，就像扔掉一件旧衣裳似的重新笑逐颜开？仅仅是因为妓女的身份让她早已把男女私情看得云淡风轻？那为什么同样是在情海颠簸多年，霍小玉、杜十娘却没能放下呢？历代名妓何其多也，为何偏偏是她赢得了如许赞誉的生前身后名？

在为写这本书搜集各种资料的过程中，我一直在找寻答案。直到有一天，我恍然大悟：因为她懂得爱自己！一个懂得爱自己的女人，才会散发出一种自信而优雅的光芒，才能把自己变成一座灯塔，引得无数男人为之仰慕！

关于苏小小的相关记载太少，我只知道当她结束那段不值得为之痛苦的恋情之后，她就由对情的执著转向对美的向往。这种对美的向往，包括对自己作为一个女性魅力真正的肯定，对大自然的热爱，对红尘众生的超然。当一个女人从自己的身体开始，到自己的灵魂，都能够刻骨热爱，她便具备了一种暗示。什么暗示？她是美的使者，她站在自信的屋顶眺望大地，男人都像粉丝一样匍匐在她的脚下。就算她天生不美，却爱自己的每一寸肌肤，相信自己内在的巨大能量，谁会不爱她呢？从心理上，她便是一个所向披靡的人。而这个女人就是苏小小。

CHAPTER 4

爱男人，
先要学会爱自己

♥

爱自己就是：自我接纳、自我肯定、自我负责

我经常听很多女人跟我探讨，你们男人是怎么看女人的？女人的魅力究竟体现在哪里？是脸蛋儿，是身材，是青春？也对，也不完全对。

这些年，国内频发腐败大案，我就注意到一个很有趣的细节：但凡贪官，身边必有情妇，且多数情妇并非二八芳龄的美貌少女，而是三四十岁甚至年龄更大的半老徐娘，相貌也称不上什么国色天香，但为何能把一些贪官搞得五迷三道？我发现，她们身上普遍有一种特殊的味道，除了我在《女人不"狠"，地位不稳》中所提到的那种"三不"精神外，她们大都在男人面前很自信，至少给男人一种感觉：我在经济上可能依赖你，但精神上绝不依靠你。在道德和法律层面上，她们是失败者。但从女人这一角度来看，她们很潇洒、很成功。

正如美国著名心理学家黛比·福特所言："一个人的性魅力在很大程度上来自于信任自己，不如说它其实是一种生命的原动力之一，它热情奔放、来势凶猛，具有强大的侵略性，只是这种侵略并不是为了夺取，而是为了将爱大胆地铺撒到全世界的疆域里。当你开始信任自己，再也没有什么东西能阻挡你。"

当苏小小开始相信自己的魅力的时候,就再也没什么东西能阻挡男人来喜欢她了,包括各个年龄段、各个年代的男人们。

从苏小小的故事可以看出,生活中如果遇到不停地伤害你的男人,作为一个女人无须逆来顺受,也不必勉强去爱,更不要去痛斥他、谴责他、怪罪他,只要承认他确实刺痛了你,去安抚一下那种受伤的感觉,然后把纷乱的情绪整理一下,继续上路。这才是一个真正的"三不"女人:只为自己而活,不为男人所累。

在来信和咨询中,常常有女性告诉我:只要他在我身边,我就很开心、很快乐、很满足;如果他老出差,老不在一起,老不给我打电话,我就不开心、不快乐。

表面上看,她是很爱对方,其实骨子里她不爱自己。有时候太爱一个人,就是太不爱自己;太恨一个人,就是太在乎对方。因为失去了,所以恨。"三不"女人为什么活得自由自在、无拘无束?她首先爱的是自己。爱自己的女人不害怕孤独,不害怕寂寞,她甚至享受孤独和寂寞,因为她在跟自己相处,跟自己对话。如果说"三不"女人算是一种"狠女"的话,她也是首先狠狠爱自己的女人。

总结起来,"三不"女人是首先狠狠爱自己才会爱男人的女人。

CHAPTER 4

爱男人，
先要学会爱自己

♥

她跟传统的好女人最大的区别在于，后者是先爱男人，后想自己，甚至不爱自己，把自己作为一个商品贱卖给男人的可怜女人。

懂得狠狠爱自己的女人的五大特质

1	爱自己的女人既很感性，也很理性，能够控制自己的情绪冷静应对，不被环境和他人左右。
2	爱自己的女人爱起来不会太疯狂，不爱也会更坚强，从来不需要借助表现或表演来获得他人的认可，更不会靠贬低他人来获得内心的平衡。
3	爱自己的女人不会在外人面前总是伪装强大，而把脆弱的一面深深地隐藏起来。
4	爱自己的女人不会把追求金钱、名誉、权势、地位当成人生唯一的目标，更不会拿爱情和婚姻作为筹码。
5	爱自己的女人永远充满自信，也信任他人，始终相信明天会更好。

总结起来，爱自己就是：

1. 自我接纳。

接纳自己的不完美，不再刻意地挑剔自己。

2. 自我肯定。

自己安慰自己，自己提升自己，不要再向外寻求他人的肯定。

3. 自我负责。

对自己的生活现状负责，不把希望寄托在男人身上，尤其是什么成功男人、成熟男人、有钱男人，让一切大款、富翁、干爹、高富帅、富二代、官二代都见鬼去吧！

AFTERWARD

爱的七种武器

沟通的关键不在于说服对方,

而是说服自己,

向真相臣服。

AFTERWARD

爱的
七种武器
♥

♥

　　有人统计过，"爱"这个字大概是现代汉语使用频率最高的汉字之一，大到国家领导人的著作、哲学家的论述，小到一个人的日记、小学生的作文，都会下笔如有"爱"。可是，不知道为什么，就是这样一个字里行间频频出现的"爱"，却在我们国人的日常生活中付诸阙如。别说恋人和夫妻之间很少说"我爱你"这三个字，连父母和子女之间也很少表达这种情感。

　　有一次我做节目，来了一对人人称羡的模范夫妻，都是高级知识分子。据说他们结婚三十年从未吵过架，但彼此也从没说过"我爱你"、"我想你"之类的绵绵情话。那天主持人故意使坏，让丈夫当面向妻子说"我爱你"，结果搞得那位大学教授脸红得像猴屁股似的，就这么简单的三个字愣是迟疑了十五分钟也没好意思说出口，最后只好用英文的"I love you"来替代。可见，我们生活在一个多么缺少

"爱"的国度里,哪怕是如胶似漆的甜蜜夫妻,恐怕"我爱你"这三个字也如同国家机密似的始终深藏心中,很难大声说出来!

然而,被爱却是人类最基本的心理需求。如果一个人的这份需求始终得不到满足,他(她)就会生出很多匪夷所思的想法,作出很多疯狂至极的举动。

这些年,我参与了各式各样的电视节目,见到了各类古里古怪的当事人、倾诉人:有自称"天下第一丑男",站在热闹的街头给自己征婚的"炒作哥";有为了实现自己的电影梦,变卖全部家产,甚至把重病中儿子换肾的钱都拿去买各种器材设备的农民导演;有六十岁还要把自己整成"赵雅芝"的疯狂婆婆;有八十岁还要去美术学院当"裸模"的空巢老人。他们看似不可理喻的种种举动背后,

AFTERWARD

爱的
七种武器
♥

实际上传递出一种非常无助的哀鸣：他们都缺少爱，缺少父母的爱，缺少伴侣的爱，缺少孩子的爱。

　　这其中，感受到来自伴侣的爱，是人类对爱情和婚姻最主要的需求。在电视节目中，我调解过的绝大多数情侣、夫妻，他们产生误会、矛盾乃至分歧的最重要原因，就是双方都感受不到来自彼此的爱，哪怕心中有爱，也不懂得如何表达出来。加上我们这个民族整体上是个内敛和含蓄的民族，小时候，父母很少去夸孩子；结婚后，妻子也不懂得赞丈夫，丈夫更不会哄妻子。我们明明深爱着对方，却一点都不知道用语言表达出来。

　　渐渐地，我们的心开始冷了，彼此之间的误会就像一堵墙越来越厚。慢慢地，我们都变成了思想上和行动上的"爱无能"，心里头也许还存着对方，嘴巴上却从没把对方当回事，我们说的和想的永远南辕北辙。伴侣就像一个外国人，总是听不懂自己的话。这也是生活中"吵架夫妻"和"哑巴夫妻"越来越多的原因，不在沉默中爆发，便在沉默中死亡，很多恋人、夫妻就是这样一步一步地在误会和争吵中形同陌路、分道扬镳。

　　我经常跟一位资深的心理专家录这种情感调解节目，对于这类现象的产生，她仅仅归结为"夫妻之间缺少沟通"。我不这么看。两个相爱的人生活在一起，交流和沟通当然是最重要的一种手段，谁不想把自己最真实的情感、最重要的想法第一时间告诉眼前这个所爱的人？那么，是什么原因导致本来亲密无间的两个人却从此关上了沟通的大门？显然，不会沟通，不善沟通，不懂沟通，是很多伴侣致命的软肋。因此，如何合理而有效地向伴侣表达你心中的那份爱，便成了恋人和夫妻之间最重要的一门功课。

通过这些年做情感咨询以及参与众多电视节目的经验，加上参考国外一些心理学家的观点，我总结出了伴侣之间表达爱的七种武器：一、特别的关注；二、精心的陪伴；三、专注的倾听；四、由衷的赞美；五、深情的爱抚；六、别致的礼物；七、美好的回忆。

爱的七种武器之一：特别的关注

在《恋爱时不折腾，结婚后不动摇》一书中，我曾谈到爱的五种含义。首先，爱起源于一种强烈的关注度。只有首先关注，才会被吸引，才会滋生出好感，才会渐渐喜欢上他，不想离开他，离不开他。反之，我们不喜欢一个人，也就不会关注他的一举一动、一言一行。

我曾经多次举过国外一个经典短篇小说的例子。一个结婚不到两年的妻子抱怨丈夫："我每回买了漂亮的衣服，你连看都不看一眼。"丈夫叹了口气："当一个人知道包裹里是什么的时候，还看那包装纸干什么?"丈夫的回答虽然带有开玩笑的味道,但实际上也在向妻子传递一种信号:他不再像以前那样关注她了。或者说,他对她渐渐丧失了兴趣,再往后,也许他不再喜欢她了,不再爱她了。总之,当一个男人不再关注他身边的女人,就会心有旁骛,就要移情别恋了。

在餐馆就餐,很容易看出热恋中的男女和已婚夫妻的区别。前者坐在一起总是四目相对,在热烈地交谈着,其间还会时不时夹杂一些亲密的举动;而后者总是心不在焉、东张西望,要么一方看着报纸,要么一方打着电话、玩着手机,与其说他们是约会,不如说是纯粹来吃饭的。因为,他们彼此之间已缺少特别的关注了,这就是夫妻之间"审美疲劳"的开始。

那么,妻子如何才能获得丈夫特别的关注呢?我认为"深藏不露"非常关键,这也是我提出"三不女人"概念的首要因素,具体技巧请参阅《女人不"狠",地位不稳》第二章相关内容。当然,除此之外,我还想提出一些建议:

1. 多关心伴侣的工作和事业,尤其是对他取得的成绩要表现出"特别的开心"。

这点我特别感谢我的太太,这些年之所以我们之间的感情一如往昔，很重要一点就是她对我的工作总是那么的上心，我的每本书刚一完成，她永远会做我的第一个读者；我的书每回加印，她显得比我还高兴。这就是一种"特别的关注"！她除了在大学当老师，业余时间也写剧本，她的剧本我也会参与意见，这种关注会让两人始终"站在一条战线"，最怕的是丈夫和妻子各忙各的，谁也不管谁，久而久之，彼此的忙碌就会成为互相疏远的借口，因为都不再关注对方了！

2. 了解伴侣的兴趣爱好、穿衣打扮，及时作出积极的反馈。

在一期节目当中，我遇到了一位爱狗爱到疯狂的男士，结婚十多年来，他先后收养了一百多条流浪狗，最多的时候家里养了五六十条狗，我当时很担心他会不会厚此薄彼，对狗好却冷落了太太，结果发现我的担心纯属杞人忧天。老婆跟他的感情非常好，他爱狗，老婆也支持他理解他，在家里，他是"狗爸爸"，她是"狗妈妈"，两个人像照顾孩子一样照顾这些可怜的小狗，而且分工细致：丈夫维修狗窝、购买狗粮，妻子负责喂食、清洁。

现场我问她，丈夫养那么多狗，你不烦啊？妻子笑了，她告诉我："起先是不太理解，后来一想，如果对丈夫的这项特殊嗜好都不能理解，两个人又怎么生活在一起呢？既然爱他，就要关注他喜欢的一切，如果这点都做不到，又怎么谈得上是夫妻呢？"我觉得，与其说这是一种包容，不如说是一种特别的关注，一种发自内心的爱。

爱的七种武器之二：精心的陪伴

这些年，我以情感心理专家的身份参与了不少相亲交友节目的录制，我发现，前来相亲的女嘉宾很喜欢对男嘉宾提出这样一个问题："你工作那么忙，有时间陪我吗？"这句话的潜台词是，如果我们恋爱了，我需要你经常在我身边，希望你经常陪伴我。

相比男人这种四处游走的野生动物，女方作为筑巢动物更看重彼此"在一起"的安全感。虽然前面提到，女人终极的安全感男人给不了你，要靠自己来培养，但女性还是特别希望在自己最孤独寂寞、最需要男人疼男人爱的时候，她所在乎的那个人能够陪在身边。这就是一种精心的陪伴。异地恋之所以存活几率不高，就在于双方很少能感受到对方真实的存在，长此以往，有种跟空气谈恋爱的错觉。

为什么要在陪伴之前加上"精心"两个字？因为伴侣都需要对方发自真心的陪伴，而不是心有旁骛、敷衍了事。一个女孩写信告诉我，每次跟男朋友约会时，他不是接电话就是发短信，虽然她理解他做销售这行工作很忙，事情很多，但她不能接受他难得一周约会两次还是如此心不在焉，她写信征求我的意见，她该怎么办。我的回信直截了当:"你应该马上跟他分手,这种男人不值得你去留恋!恋爱的时候都如此忽略你的感受,结婚后不得把你打入冷宫?"显然,她得不到男友精心的陪伴,也无法感受到男友对自己特别的关注。由此,我对那些过于忙碌的先生们提出两点建议:

1. 哪怕平时工作再忙、应酬再多,周末至少抽出一天陪伴自己的太太和孩子。

2. 每天再累、电话再多,也要保证每晚回家后,至少有一个小时的时间是属于太太的,这一个小时不接任何电话,不回任何短信,你的眼里只有太太。这才是精心的陪伴。

爱的七种武器之三:专注的倾听

我记得国外一位心理学家曾经表达过这样一种观点:倾听其实是一门艺术。我特别赞同这种说法,说它是艺术,因为做起来真的很难,需要达到一定的境界。在夫妻关系或人际交往中,我们都习惯于急切地表达,却很少主动去倾听。我做过无数情感节目,基本上每对上来要求调解的夫妻和情侣,都有一个致命的缺陷:他们只顾着向专家和主持人表达自己的委屈、自己的怨气和自己的看法,却从不注重倾听另一半的心声,甚至专家和主持人的意见也置若罔闻。

AFTERWARD

爱的
七种武器

♥

　　我注意到一个非常有意思的现象：伴侣中的一方在倾诉的时候，另一方不是不屑地把头转过去，就是迫不及待地打断对方，还经常出现当事人双方同时说话的尴尬情形，那一刻感觉就像两只聒噪的鹦鹉在同时叫唤，你根本听不清他们在说什么，只是看到他们在盲目地宣泄着自己的不满。可见，倾听，尤其是专注的倾听，是一件多么难的事！

　　尽管很难，我们也要努力去学习这门艺术，因为专注的倾听是对伴侣最好的心灵抚慰。国外心理学家曾经做过一项调查，在伴侣之间的沟通和交流中，有三点至关重要：1. 倾听对方的心声。2. 说出自己的想法。3. 给出合理化的建议。其中，倾听排到了第一位。可见，坐下来仔细而认真地听听你爱的那个人在说什么，对于维系彼此之间的感情是多么重要啊！那么，如何才能做到专注地倾听？

　　1. 当伴侣在说话的时候，一定要聚精会神，保持高度的注意力。

　　具体来讲，有两点很重要，一是放下手头的事，二是始终用目光回应对方。一边听伴侣在说话，一边做自己的事，还有东张西望、眼神游离都是对他（她）的不尊重，都是在传递一种不好的信号：你拒绝和他（她）认真地沟通。

　　2. 不要随便打断对方的话，不要轻易给对方下结论。

在人际交往中，它们都是严重妨碍彼此交流的做法。在亲密关系中，这也是两大杀手锏。所以，如果真心爱对方，愿意好好地沟通，就请先闭上你的嘴，此刻，眼睛和耳朵比什么话语都更能打动人心！

爱的七种武器之四：由衷的赞美

夫妻经常争吵的根源在于：在一起的时间越长，越缺少赞美和感谢了。少了赞美，意味着你对他（她）的优点早已熟视无睹，没了感谢，代表着你对他（她）的付出早已习以为常。这很可怕，慢慢地，他（她）在你眼中全是缺点，他（她）为你付出的也越来越少。

也许有的夫妻会说，我们都老夫老妻了，说这种客套话干吗，岂不见外？！错了！再亲的人也存在一定的心理距离，再爱你的人为你付出也并非理所应当。要求赞美和感谢，不代表他（她）干每一件事你都得跟嘴巴抹了蜜似的说个没完（那也很假），而是在他（她）为你做了一件很让你感动的事，或者在某个重要的节假日，如你们的结婚纪念日、对方的生日时，你突然说上一句赞美和感谢的话，会让他（她）觉得特别温暖。

你只有不停地赞美，对方才会觉得他（她）在你心目中的位置

AFTERWARD

爱的
七种武器

♥

是独一无二的。你只有不停地感谢,对方才会觉得他(她)对你的付出是心甘情愿的。改善夫妻之道,首先从赞美和感谢开始吧!

如何赞美和感谢,其实也有一定的技巧。

1. 要善于发现伴侣的优点,并经常告诉他(她)你很欣赏他(她)的这些优点。对于伴侣的一些缺点和不足,尤其是外形和年龄方面的劣势,更要懂得适当规避。

男人在老婆面前不能太实诚,如果她刁蛮得像吴君如,你要夸她可爱得像林心如;如果她像沈殿霞,你要夸她像林青霞;如果她是万人嫌,你要夸她像潘金莲。总之,男人嘴巴要会哄,因为男人的哄是女人最好的化妆品,哄好了老婆,她就会看上去小鸟依人,美艳动人;男人不会哄,老婆看上去就会像座冰山一样顽固不化。很多夫妻情感出了问题,大多是做丈夫的很少哄太太,渐渐地,老婆觉得自己没人疼、没人爱,慢慢地就变成了一只到处扎人的刺猬。如果男人的嘴巴出了问题,女人的心态就会出问题。我的观点,一个好男人,应该是对待工作刚直不阿像包公,对待生活闲云野鹤像济公,对待老婆,应该鞍前马后、满脸赔笑就像紫禁城里的公公。否则,他就不是好男人!

2. 经常当着伴侣父母和朋友的面,多夸他(她),也经常对着自己的孩子说,他的父亲(母亲)是多么多么的好!

中国人非常好面子。不管这种好面子对不对,但无论男女,都很看重自己在别人面前,哪怕是最亲的亲人面前的印象,始终记住一句话:当面夸人也是夸,背后夸人更是夸。

3. 多用建议、请求的语气,少用责备、要求的口吻。

在人与人之间的语言表达中,有时候语气比语意更为重要。同样一个句子,换种语调,很有可能产生完全相反的意思。很多夫妻之所以沟通不畅,往往是彼此之间说话的语气让人不爽,其中一方总是居高临下颐指气使,总喜欢用责备、要求甚至批评、命令的语气,长此以往,搞得本来应该是平等的夫妻关系就像单位里老板和员工的关系,这样怎么能行?只有放低姿态,才是取悦对方的关键。

爱的七种武器之五:深情的爱抚

众所周知,身体接触是沟通情感的一种重要方式。越亲密的人,身体接触越多;反之,身体接触越少,就代表双方关系越疏远。有人开玩笑说,看一对夫妻感情如何,就看他们当众走过来的时候身体的距离怎样,肢体接触是否频密。如果一对夫妻手拉着手,肩并着肩,甚至一方搂着另一方,眼睛深情地对视着,就代表他们之间爱意很浓;反之,就说明夫妻之间早已同床异梦、各怀鬼胎。

在很多调解节目中,夫妻一上来基本上没有什么身体接触,甚至连眼神都没有交集,在主持人和专家的发问下,你会很快判断出他们大多早已迈向"无性婚姻",甚至连起码的拥抱、爱抚都已荡然无存。显然,这种夫妻关系早已千疮百孔甚至名存实亡。

由此可见,深情的爱抚对和谐的两性之道是多么重要!都说男人是泥做的,女人是水做的,缺少丈夫爱抚的妻子则慢慢成了水泥做的,坚硬而又冰冷。因此,做丈夫的要记住,每次下班回家,记得首先要学会拥抱你的妻子,每次出门逛街,做妻子的记住要主动拉着丈夫的手。拥抱、牵手,看似是不经意的动作,有时候却能比语言传递出更多的能量!

爱的七种武器之六:别致的礼物

美国婚恋情感专家盖瑞·查普曼认为:礼物是爱的视觉象征。对女人而言,礼物更是男人对她爱的一种价值体现。这也是为什么历来男人向女人求婚都要奉上一颗钻戒的原因。反之,一对夫妻情感出了问题，仔细一问，肯定男方很久没给女方送礼物了。所以，有时候，小小的礼物，哪怕一束花、一本相册、一张明信片，也能传递出彼此深深的情意。所以，要想哄老婆开心，经常给她送点礼物吧，礼物不在大小，而在心意。但有一点很重要，这礼物一定是她喜欢的。所以经常留意对方喜欢什么，想要什么，这点很重要。有时候送礼的背后，可以察觉到对方的细心程度。

爱的七种武器之七：美好的回忆

这年代，除了包办婚姻，大多数夫妻都是从当年热恋的情侣一步一步走过来的，有的依然心心相印，有的则渐行渐远。都说婚姻是爱情的坟墓，在这座坟墓里，埋葬了多少当年的热恋、冷漠和激情？有时候当夫妻渐渐在时光的折磨下变成两个冷漠的看坟人的时候，要敢于打开坟墓，重新挖掘出当年的深情和浪漫。这也是一种穿越，透过对当年热恋状态美好的回忆，重新唤起对彼此的好感和激情。所以，要想走出"婚姻是爱情的坟墓"的魔咒，夫妻俩要勇于当盗墓人！当然，前提是盗自己的墓。

记得有一期节目，当妻子列数着丈夫种种令人难以忍受的缺点时，我突然问了她一句："既然他如此不堪，你当初为什么还要嫁给他？"妻子被我这么一问，她记忆深处的画面一下子打开了，在

AFTERWARD

爱的
七种武器
♥

她的娓娓讲述中，我分明看到了一个跟现在不思进取、懒惰成性、一潭死水完全不一样的男人，他阳光开朗，他风趣幽默，他积极向上。在回忆中，妻子重新唤起了对丈夫的爱，也让这段濒于死亡的婚姻再度复苏。

在很多的调解现场，我经常让处于僵持状态的夫妻暂时放下争吵和怨恨，去穿越时空隧道，看看十几年前、二十年前那个他（她），想想你当年是如何被他（她）吸引和感染的，也许这种美好的回忆有助于你重新找到他身上闪光的一面，也有利于看到是什么原因导致彼此之间的婚姻走到今天这一步。

以上，就是我总结出来的维持夫妻之爱的七种武器。爱的七种武器宛若诸葛亮手中的锦囊妙计，不能随便滥用，要有的放矢。必须首先找出对方的软肋，才能对症下药。比如，你的伴侣经常抱怨你不在家，你就需要在周末来个"精心的陪伴"；你的伴侣如果总是话很多，你就需要"专注的倾听"；你的伴侣要是牢骚满腹，看来他（她）缺少你的关注和肯定，你就需要时不时来个"特别的关注"和"由衷的赞美"。在争吵时，男人不要跟女人讲道理，因为女人有时候只相信感情，不相信道理。小心赢了道理，输了感情。始终记住一句话：永远不要跟自己的女友或太太吵，因为她们永远是对的。

而女人在对待男人这个问题上，则要向黑帮大佬看齐：三十岁之前要敢于当剑子手，对伤害过自己的男人该出手时就出手，该翻脸时就翻脸，不仅要做到"稳准狠"，而且要不留后路，不要对他们有任何纠缠不清的幻想；三十岁之后就要转行当慈善家，慈眉善目，宽厚仁慈，多做好事，多积善德，该放手时就放手，得饶人处且饶人。

这里有一点需要提醒一下：在两性关系中，有时候一个人刻意地去责备伴侣、攻击伴侣，其实不是他（她）真的做错什么，而是对方没有满足自己的某个需求。有了这一层认识之后，一旦冒出责怪对方的冲动时，我们要时刻提醒自己，这是内心某个未被满足的需求在发出信号。因此，表达需求，而非责怪对方，可以让彼此敞开心胸，减少摩擦。比如：

1. 妻子责怪丈夫："你为什么下班总是这么晚？"
   妻子真实的需求："我需要你多陪陪我！"

2. 妻子责怪丈夫："你为什么这么冷漠？"
   妻子真实的需求："我需要你的赞美！"

3. 妻子责怪丈夫："我哪点比那个女人差？"
   妻子真实的需求："我需要你的爱！"

4. 妻子责怪丈夫："你心里还有没有这个家？"
   妻子真实的需求："我需要你的关心！"

　　沟通的关键不在于说服对方，而是说服自己，向真相臣服。很多沟通失败的原因在于我们总把自己置于正确的一方，试图说服和改造对方，结果往往徒劳无功甚至效果适得其反。因此伴侣之间要时刻谨记：常说"对不起"，多说"是，亲爱的"。只要掌握了沟通的技巧，只要掌握了爱的七种武器，没有翻不过的山，没有过不去的坎，幸福永远在不远处向你招手！

附录

曾子情感语录

关于男人

男人本质上都是花心的，有些男人至今没花心那是没逮着机会。女人选择和一个男人在一起，就要随时做好他会出轨或离开你的心理准备。

男人是否花心与外表无关。有的男人，外表像武大郎，却长了一颗西门庆的心。

有些男人，外表帅得流油，见了美女只想揩油，玩了一把之后就会脚底抹油。遇到这种男人，你也别太认真，就当打了回酱油。

所谓"男人不坏，女人不爱"，女人总是被像坏蛋一样的男人

附录
曾了
情感语录
♥

吸引，被浑蛋男人伤害。如果遇到坏蛋加浑蛋级别的男人，更是万劫不复。其实，对付这种坏蛋加浑蛋级别的男人，最好的办法就是叫他滚蛋。

为什么都说"男人不坏，女人不爱"？因为"坏男人"大都脸皮厚，胆大心细，勇于示爱，会说甜言蜜语，敢于冲破道德的藩篱，让彼此在剥开一切虚伪外衣的状态下真实面对，而这些特点恰恰击中了女人的软肋。

男人不能简单用"好坏"区分，因为在很多女人眼中，"坏男人"说不定更有魅力。在两性关系中，男人最可恨的一点是"不负责任"。不负责任的男人对女人伤害最大，应该在道德法庭上判这种人死刑，最好拉出去毙了，省得留下来祸害人间！

男人的情爱心理有时候很矛盾，他幻想他爱的女人，既有贤妻良母的温柔大度，又有红粉娇娃的春情荡漾，还得保持纯情玉女的纤尘不染；她也许身体上早已失节，灵魂上却从未失贞；在外面她似乎人尽可夫，关起门来又只对他一人忠诚；她有时候像荡妇一样风骚入骨，有时候又像母亲一般无比包容。

男人矜持搞怪，心中必无真爱；男人言不由衷，真爱终究成空；男人心不在焉，真爱远在天边；男人人格病态，真爱不可期待。

一个荷尔蒙正常分泌的男人，身上既有人性，又有野性；既有生物属性，又有社会属性；既是高级动物，又是野生动物；既高尚，又卑鄙；既无私，又无耻；有时候人模狗样，有时候还禽兽不如。所以，我从不认为男人有所谓好男人、坏男人之分，只有成功与不成功的男人，优秀与不优秀的男人。

哪个男人身上都不会有百分之百的绅士血液，因为这根本不符合男人野生动物的本性，大多数男人都是绅士与流氓的混合体。有时候是绅士，有时候又是流氓；上半身是天使，下半身有可能是魔鬼；上半身是个严肃的成人，下半身有可能是个调皮的孩子；在外面彬彬有礼，回到家中也许会兽性大发。有时候时势使然，他成了天天呼风唤雨的齐天大圣；有时候造物弄人，他又沦为四处偷鸡摸狗的花心情圣。

这个世界上最让女人痛恨的有三种男人：1. 打老婆的男人；2. 不负责任的男人；3. 吃软饭的男人。希望你不是这三种男人！希望你别嫁给这三种男人！

喜新厌旧是男人这东西的本性，再美的女人，男人也会有审美疲劳的时候，而且越是成功的男人受到的诱惑越多，男人跟你春风一度是一回事，下决心娶你又是另一回事。要想长久地吸引住男人，靠的不是美貌，而是智慧，因为美丽的女人只会让男人风光一时，

附录

曾子
情感语录
♥

但智慧的女人却会让男人受用一世。

都说女人虚荣，其实男人比女人更虚荣。女人虚荣在表面，男人虚荣在心里，男人的一生都在为"面子"两个字而活。从某种程度上来说，中国男人就是一种"面子动物"。

男人太好会让女人没有成就感，太坏又会让女人没有安全感。什么样的男人最受女人喜欢？就是"三骚"男人！总结起来就是：平时挺闷骚，求爱、求婚和玩起浪漫的时候突然变得很风骚，但除了自己的老婆，却从不到别的女人那儿犯骚。

一个好男人，在我眼中，对待工作，应该刚直不阿像包公；对待生活，应该闲云野鹤像济公；对待老婆，应该鞍前马后、满脸赔笑，就像紫禁城里伺候妃嫔的公公。

真正有魅力的男人，应该既有大男人的气概，又有小男人的温存；在外面做冲锋陷阵的大狼狗，回家做温柔体贴的哈巴狗，还得时不时忍受太太的河东狮吼，她才不会红杏出墙跟着别人走。

如何看一个男人是不是负责任？很简单，负责任的男人跟你在一起，会用内心来爱你；不负责任的男人跟你在一起，没有内心，只有内分泌！

判断一个男人是不是靠谱，有个很简单的方法，那就是看他娶的老婆或者谈的女朋友跟了他以后是不是幸福和快乐。

真正的好男人，应该在外面当领导，回家被太太领导；在外面当老板，回家惹太太生气了要学会跪搓衣板。

什么是好男人？好男人是婚前带着鲜花见你，婚后带着薪水见你。而坏男人要么带着麻烦见你，要么干脆不见你！

有女孩问我：遇到那种总是纠缠不清的男人怎么办？我说很简单：一是，你告诉他你已经有老公了，而且你老公有黑道背景，如果他不想被暴打就趁早离远点；二是，直接打 110 报警。

关 于 女 人

女人是这个世界上最感性的动物，没恋爱之前，她会对另一半提出一大堆要求，可一旦疯狂爱上一个男人，她就什么要求都没有了。

附录

曾子
情感语录
♥

　　参与了无数电视情感节目的录制，我发现女人在感情中很容易走入两个极端：要么像个怨妇，总是抱怨男人对自己不好，没人疼，没人爱；要么像个悍妇，对男人颐指气使，飞扬跋扈。我告诉你们：这两种女人都会把男人吓跑。真正能留住男人的女人，应该是外柔内刚：内心强大无比，但外表始终温柔似水。

　　男人最爱的女人，可以用一句唐诗来概括，那就是"千呼万唤始出来，犹抱琵琶半遮面"。前一句的意思是说，得到这个女人的过程不是一帆风顺的，而是有曲折、有艰辛；后一句的意思是说，这个女人看上去不是一览无余的，而是有矜持、有保留。

　　一个女人，要想获得美满的爱情和婚姻，我认为不是靠美貌，不是靠贤惠，也不仅仅是靠爱，而是一种"三不"精神：思想上要做到深藏不露，性格上要让他捉摸不透，行动上总是飘忽不定。这种"三不"精神会牢牢套住一个男人的心，让他一辈子对你忠心耿耿，矢志不渝。具有"三不精神"的女人，就是所谓的"三不"女人。

　　"三不"女人就是在情场上善于降伏男人的女人，比如，林黛玉、简·爱、黄蓉和小龙女，都是典型的"三不"女人。换句话说，你要想让你喜欢的男人对你忠心耿耿、始终如一，你要想让你们的感情和婚姻不出现"审美疲劳"的状况，当一个"三不"女人不失为一种明智的选择。

女人分两种：一种是男人见了就想追，还有一种是男人见了只想跑。这就是"三不"女人和怨妇、悍妇的区别。

一个聪明的女人应该是外柔内刚，而不是外刚内脆。

有女读者问我对"剩女"的看法。我的回答：作为一个男人，我认为"剩女"们最重要的就是别把自己当"剩女"，努力过好每一天，争做"胜女"或"圣女"！让"剩女"这个词滚到天边去吧！

"拜金女"和"好女人"的区别在哪儿？前者只会跟男人并肩逛街，后者却会跟男人并肩前行；前者只会索求，后者不求回报。

一个有智慧并深受男人欢迎的女人，应该是外表性感，内心感性，关键时刻理性。

先露大腿吸引人，再下厨房留住人，最后举起皮鞭管牢人，这才是时代的新女人。

一个真正有魅力的女人，不是一成不变的：有时候会小鸟依人，有时候则金鸡独立；职场上是铁娘子，情场中是小娘子；白天是白骨精，夜晚变狐狸精。

附录

曹子
情感语录
♥

♥
关 于 恋 爱

爱情无非就是四种情形：有情的人终成眷属，偷情的人风雨无阻，无情的人永远孤独，殉情的人大胆服毒。这是看了多年爱情电影，研究了半天情感问题的小小体会。

爱情和婚姻的区别：爱情就像车祸，是突发性事故，往往在一刹那之间发生；婚姻却像谋杀，是有组织、有预谋的，带来的后果也很漫长，甚至是影响一生的。

如何判定自己爱上了一个人？我的回答：很简单，只要你为他（她）生病了，且这种病无论吃什么药、见什么医生都还治不好，那恭喜你，你已经爱上他（她）了！因为这种病叫"相思病"，只有他（她）才能让你痊愈。

情感节目做多了，总是遇到那种为了爱寻死觅活，动不动就割腕以死要挟的女人。有媒体访问我：该如何劝慰这样的极端者？我认为最好先让她们学会爱自己。动不动就割腕以死要挟的人，其实都是不懂得爱自己的傻孩子，她们只是借一段感情来寻求他爱，一旦不遂人愿就要死要活的。所以，自爱很重要。

分手时，我们常爱挂在嘴边的一句话是"性格不合"，其实这只是一个借口。因为世界上很少会有性格、脾气完全相同的两个人，而且性格越相近，反倒越难相处。所谓"性格不合"，确切地来讲，是指彼此之间家庭背景、成长环境、生活习惯，乃至人生观、价值观差异过大，彼此之间很难妥协和融合，最终导致分手。

如果你只喜欢"坏"男孩，你就要做好随时被"坏"男孩伤害的心理准备；如果你只爱好男人，你也要做好这个好男人既不浪漫也很无趣的心理准备。那种既浪漫，又带点"坏坏"的，且对感情十分专一的好男人有是有，但凤毛麟角，被你碰上的几率，基本上比在大街上被恐怖分子绑架的几率还低！

男人总是把喜欢的女人看作一道数学难题，慢慢地啃，慢慢地熬，一旦攻克难关就会如释重负；女人喜欢把男人当成一部长篇小说，一开始望而生畏，一旦沉迷其中便难以自拔。

在情场上，男女的关系有点像应聘者和主考官的关系，前者在后者面前尽情展现自己的才华和能力，后者通过仔细考核以及反复思量决定是否接纳前者。在这种情况下，男人好比英雄救美，充满成就感；女人则像沐浴在爱河中的公主，倍感幸福。

附录

曹子
情感语录
♥

　　让男人对你永葆热情的秘诀在于，让他在爱情长跑的道路上不停地加油，别让他停下来，哪怕答应他的求婚，也别告诉他这段长跑已经到了终点，而是让他歇一歇、喘口气，再告诉他前面还有无数艰难险阻。但也不忘时刻提醒他：前途是光明的，道路又是曲折的。

　　爱一个人要学会适可而止，要学会收放自如，不爱那么多，只爱一点点。就像李敖写的那句歌词：别人的爱情像海深，我的爱情浅。要学会让男人每天爱你多一些，这是女人获得美满爱情的决窍。

　　在爱情方面过于执著的人，其实是不太自信、不够知足、怕孤独、怕没人爱的潜意识表现。

　　女人，太恨一个男人，说明太在乎这个男人；太爱一个男人，实际上是太不相信自己。

　　女人要学会保护自己，要让男人做到风流而不下流，女孩做到风流但不要人流。

　　所谓"希望愈大，失望也愈大"，这个世界上大多数恋爱和婚姻的悲剧，都是因为对另一半期望过高所造成的！所以，保持一颗平常心特别重要。

恋爱不是要找到一个完美的人，而是要学会在一个不完美的人身上发现闪光点，并深深地接纳他（她）。

女人最幸福的时候在于：他真的爱我；男人最幸福的时候在于：她值得我爱。

我们总是爱上不该爱的人，错过真正爱自己的人。在一次又一次的被伤害之中，我们渐渐成长。

当我们觉得爱很难很难的时候，实际上在潜意识里已经决定放弃了。

对男人来说，最伤恋人心的话是"我觉得你越来越难看了"；对女人来说，则是"我从没见过像你这么没本事的男人"。在两性关系中，女人要哄，男人要捧。如果你爱她，你要经常哄她，男人的哄是女人最好的化妆品；如果你爱他，你要学会捧他，因为男人都想成为女人心中的一座高山。

当你只爱一个人的时候，你会觉得他（她）很大，世界很小，离开他（她）你就活不了；当你决定放弃他（她）时，你会突然发现世界其实很大，他（她）真的很小，不值得为一个很小的人放弃很大的世界。要学会从爱情中适当地抽离出来，而不要总是沉迷其

附录

曾子
情感语录
♥

中。适当地抽离出来，你会很自在；总是沉迷其中，你会很痛苦。

一个男人对待他所爱的女人，应该把她像女儿一样的疼，像母亲一样的爱，像朋友一样的好，像情人一样的宠。

♥
关 于 择 偶

当下女性择偶，对男人的要求是越来越高：各方面条件都得百里挑一，对感情还得十分专一，晚上进了卧室最好还要变陈冠希。

现在的女孩都喜欢大叔，因为大叔既成熟，又有钱。大叔呢，也喜欢找小鸟依人的女孩。所以，小鸟依人配大叔，简称"鸟叔"。

鲜花为什么总是甘愿插在牛粪上，就不怕牛粪的恶臭玷污了绝世美貌吗？我理解，牛粪虽然有时臭气熏天，但货真价实，内涵丰富。从营养学的角度来看，鲜花只有插在牛粪上，吸取了牛粪中的营养成分，才会显得更为光鲜亮丽。红花虽好，还需绿叶扶持。正所谓：庄稼一枝花，全凭粪当家！

女人的幸福跟她遇到什么样的男人无关，而是跟她怎么对待遇到的那个男人有关：倘若你老宠着他、顺着他，他哪怕是梁山伯，最后也堕落成陈世美了；如果你不把他当回事，活出真我的风采，他哪怕一开始是西门庆，最后也会变成老三那样的痴情男。

男人追女人关键要做到三点：一是不要脸，二是坚持，三是坚持不要脸。

生活中如何提高相亲成功率，我的建议：1. 初次见面不要把对方看成相亲对象，而是看成普通朋友；2. 女方不要随便问男方的经济状况，男方不要在意女方的长相；3. 少谈现实问题，多谈风花雪月；4. 少点挑剔眼光，多找对方优点。

男人看脸蛋，女人看腰包；男人重过程，女人重结果；男人求数量，女人求质量；男人骨子里都想征服更多的女人，女人都想被最成功、最优秀的男人所征服。

男人是视觉动物，所以一见美女就犯"晕"，始终难抵青春美貌的诱惑；女人是听觉动物，因此一听好话就变"傻"，总是难挡甜言蜜语的攻势。

附录

曾子
情感语录
♥

　　女人最恨的男人往往是陈世美，男人骨子里最爱的女人却往往是潘金莲（尽管嘴上不愿承认）。

　　看《甄嬛传》的启示：1. 男人是很花，但总有一个女人是他的最爱；2. 男人总是对他第一个深爱的女人念念不忘；3. 男人都喜欢新鲜的，但新鲜劲儿一过，男人还是会回到能在精神上征服他的女人身边；4. 真正把男人留住的女人既不是好女人，也不是坏女人，而是既有好女人的温婉，又有坏女人的心计，好似甄嬛。

　　在两性关系中，男女都怕对方太"花"——女人怕男人太"花心"，男人怕女人太"花（对方的）钱"。这两个问题解决好了，双方就有了和谐的基础；这两个问题解决不好，感情就岌岌可危。

　　现在的男人是靠不住的，你以为找的是像电线竿一样坚实的男人，结果当你一靠上去，发现他是一晾衣竿，风一吹就倒了。

　　女人喜欢的男人无非两种：要么顶天立地像周润发，要么让她母性大发。西方的男人大都像周润发，所以英雄救美是西方神话的主旋律；中国男人总是让女人母性大发，所以戏曲小说中总是富家女看上穷书生，江湖女侠搭救落难公子。

　　过去都说好女人是男人的学校，其实这种说法大错特错！想想看，你好不容易把男人给培养出来了，他却毕业离校，到别的女人那里去应聘上班，你亏不亏啊？在我看来，好女人应该是动物园，把男人这匹野生动物直接关起来，慢慢驯化，慢慢调教，让他一辈子为你赚钱，为你服务，别老想着乱跑！

男人越来越像如今市面上流通的人民币，有真的，有假的。聪明的女人都应该是验钞机，只有傻女人才会把假币当真的一样给收下了。

男人越没本事，越会指责女人现实；女人越没自信，对男人要求就越多。

既然女人可以小鸟依人，男人为何不能小狗挠人？

关 于 婚 姻

都说婚姻是爱情的坟墓，更可怕的是还经常有"小三儿"来盗墓，搞得我们经常死无葬身之地。

附录

曾子情感语录
♥

世界上最幸福的婚姻，是由一对"聋子"丈夫和"盲人"妻子组成的。因为妻子看不到，丈夫听不着，所以一切麻烦和争吵都没了。

在两性关系中，男人更像狗，表达很直接，汪汪一叫什么都明白了；女人更像猫，喵的声音让人回味无穷。所以，婚姻生活相当于猫狗大战，别看狗外表凶，经常打不过猫。

男女婚前婚后的差别：结了婚的女人眼睛是直的，一心一意；没结婚的女人，眼神是散的，在四处寻觅。多数男人正相反，婚前眼神是直的，盯着一个目标不放；婚后眼神就散了，四处乱看。聪明的妻子要想让老公的眼神固定住，最好的方法就是不断地用你的气质、魅力和智慧刺激他的视网膜，让他的眼睛永不疲倦！

男人结婚后通常会变得可怜巴巴的，因为他总是被老婆管得很严；女人结婚后通常会变得神经兮兮的，因为她总是担心老公出轨。

男人大都不喜欢悍妇，但女人的强悍霸道有时候是被男人逼出来的。哪个女人不想小鸟依人？如果她爱的那个男人不负责任，不守信用，不思进取，不知道关心疼爱老婆，小鸟依人就会瞬间变成河东狮吼！由此可见，小鸟依人式的女人都是男人"疼"出来、爱出来的。

大多数男人都喜欢女人味十足的女人。你知道"女人味"是怎么来的吗？在我看来，小时候靠父母培养，长大了靠自我修养，结婚后靠男人"褒养"。要注意：此"褒养"非彼"包养"。所谓"褒养"包含两方面意思："褒"指的是男人的嘴上功夫，要会哄；"养"指的是男人的经济实力，要有钱。

如果一个女人过早变成了黄脸婆，她的老公一定不是一个温柔体贴的好男人；如果一个女人婚后立马成了悍妇，她的老公绝对不是一个顶天立地的大男人。

老婆熬成"黄脸婆"，过去现在，原因各有不同。过去，黄脸婆是过多的生育给逼的；现在，则是过多的家务给害的。过去，再美丽、再娇贵的女孩子只要一结婚，准保变成"三转"女人（围着丈夫转，围着公婆转，围着孩子转）；现在，"三转"女人又与时俱进，成了"三等"女人（等老公下班，等孩子放学，等电视剧开播）。

夫妻关系需要遵守一定的游戏规则，哪些该做，哪些不该做，要心知肚明。如果你毫无原则，他也不会尊重你。最后，在时光的催逼下，你由"公主"变成"保姆"，他却从"奴隶"成了"将军"；当你在厨房里忙得不可开交之时，他却倒进了别的女人的卧房，此时，你若干年的贤惠、辛劳，在他和"小三儿"打情骂俏的笑声中

附录

曾子
情感语录
♥

早已灰飞烟灭。这就是淑女的悲哀,这就是贤妻良母的悲剧所在。为什么如今陈世美越来越多?在某种程度上也是给惯出来的。埋头做贤妻的结果,就是被丈夫"嫌弃"。

女人有时候不能对男人太好,当你对他总是母性大发的时候,他就要到外面兽性大发了。

有读者说她老公最近应酬太多,老是很晚回家,她很生气,问我该冲他发火吗?我的回复:男人有时候就是孩子,你越跟他发火,搞不好他下次回来得更晚。对付回家晚的老公只有一个诀窍:明天你回家比他还晚,看看谁厉害!

有读者问我:如果一个男人老是把自己的女友当佣人来使唤,这段感情还需要维持下去吗?我的回答:你要么把自己变回主人,把他变成佣人;要么你直接炒了这个男人的鱿鱼。两种方法可任选其一。

如果把女人比喻成地球,女人和婚姻、家庭之间的关系就好比是地球的自转和公转,她自强自立就是自转,她照顾家庭则是公转。一个传统的好女人往往只考虑公转,而忽略自转,由此家庭这个宇宙空间就会出现失衡的局面;而一个真正的"三不"女人则自转公转两不误,就像地球一样在两种不同的轨道上正常地运行着。

婚姻就是女人将幸福交给心爱的男人，所以男人一定要给女人幸福；婚姻也是男人把自由交给心爱的女人，因此女人要学会给男人一定的自由。

这个世界上有两件事最难：一是把别人的钱装进自己的口袋，二是把自己的思想装进别人的脑袋。前者成功的叫老板，后者成功的叫老师，两者都成功的叫老婆，所以一个娶了老婆的男人应该听老婆话，给老婆打工。

关 于 心 态

你是幸福还是不幸，欢乐还是痛苦，其实往往在于一念之差。也许一秒钟之前你还觉得自己很不幸，突然之间你就想通了，似乎一道通向幸福的大门打开了，让你瞬间从地狱步入了天堂。所以，每天多给自己一些正能量，你就离不幸和痛苦越来越远了。

嫉妒一个人，等于承认他（她）比你强；恨，往往是爱的反义词，或者源于得不到。总之，在人际交往中，嫉妒和恨会让一个人永远无法摆脱弱者的心态，也永远快乐不起来！

附录

**曾子
情感语录**
♥

  一个人快乐与否，不取决于他人，只取决于自己的心态。如果你总是封闭自己，排斥他人，怀疑和恐惧的种子就会在你心中生根发芽，你就不会快乐；一旦你打开心境，拥抱阳光，快乐就会如影相随。

  一个人真正的强大不在外表，而在内心。一个内心越强大的人，外表往往越平和；反倒内心越脆弱的人，越喜欢把外表装扮得强大。这种装出来的所谓强大，不仅让别人不舒服，也让自己很难受。一个人要想达到真正的强大，先从追求外表的平和开始吧。

  一个人有时候要学会享受孤独，因为享受孤独就是享受自我。人害怕孤独，其实是害怕跟内心那个脆弱的自我相处。

  大多数人总是不快乐的根源在于：他（她）不是在追求自己的快乐人生，而是总想比别人快乐或幸福。这就是为什么我们总是陷入自卑、虚荣、攀比、炫富、羡慕、嫉妒、恨等许多不快乐的情绪当中而难以自拔。

  所有的快乐都源于不过度的奢求。

  经常进行自我反思和检讨的人，其实是内心强大的人，因为内心强大，所以敢于正视自己的不足。相反，很少甚至从不检讨自己的人,是内心极度虚弱的人,因为虚弱,所以无法面对自己的弱点。

我们总是希望被理解,却又害怕被别人看穿。

一个自卑的人,不仅看不起自己,也常常看不起别人。在他(她)眼中,世界一片灰暗。一个自信的人,不仅相信自己,也相信别人,更喜欢赞美别人。在他(她)眼中,世界非常美好。要想培养自信,先从相信他人、经常赞美他人开始吧!

一个过于敏感的人,他(她)的潜意识中总是觉得别人会伤害自己,总是把自己包裹得很严,害怕跟别人深入地交流,总是不快乐。因此,一个人要想快乐,首先要学会在跟他人接触时,适当地放低自我,放下自尊。

不要轻易地去恨一个人,因为恨的另一面其实是爱,所以恨一个人的潜意识是因为没有得到他(她)的爱。而且仇恨会让你在心理上变成弱者,让对方更加轻视你。面对曾经伤害过你的人,最好的方法就是遗忘,而不是恨。

一个总喜欢攻击别人的人,或者背后说人坏话的人,都是心理自卑的人。为了掩饰这种自卑,他(她)就靠攻击别人和背后说人坏话来获得心理上的平衡。所以,不要随便去攻击别人,你越攻击

附录

曾子
情感语录
♥

别人，就等于在别人面前承认你很自卑。

经常被人问到："为什么我不快乐？"其实很多不快乐的人都是拒绝他人、封闭自己的人。当你总是拒人千里之外的时候，你也等于把快乐这扇门关上了。要学会调整自己的情绪，微笑面对这个世界，说不定快乐就像天使一样从天而降！

注：以上情感语录摘自作者《女人不"狠"，地位不稳》，作者新浪微博、腾讯微博，以及作者在电视情感节目中的部分谈话内容。

后记

本书是《女人不"狠",地位不稳》的第二部。

也许很多读者会问,为什么还要写续集,是否有狗尾续貂之嫌?其实,一开始没想过接着往下写,但是《女人不"狠",地位不稳》销量突破60万册前后,我陆陆续续收到过很多读者的来信,对我在书中提到的"'三不'女人(深藏不露、捉摸不透、飘忽不定的女人)才是男人的最爱"、"才是真正可以获得幸福的女人",提出了各种各样的想法,有赞成的,有反对的。但也有相当一些女读者表达了这样一种观点:"'三不'女人是很好,但我做不到。因为我没有那种自信。只要他一不联系我,或者稍稍冷落我,我就受不了,我就很难受。"因此,如何提升女性自身的自信,成了我继续往下写的动力。

后记

♥

然而，这不是简单的在男人面前永葆"三不"精神就可以的了，因为两性关系，你跟恋人或伴侣的关系只是表层关系，往下挖就是你跟父母的关系，最终是你跟自己的关系。换言之，如果你跟父母的关系有问题，就会导致你总跟自己较劲儿，跟自己过不去，反过来就会影响你跟恋人或伴侣的关系。你不从内心真正慈悲地面对你的父母，就很难面对真实的自己，也就很难正确地面对你的伴侣。还有，如果你不学会接纳自己的不完美，就很难接纳伴侣的不完美，这往往会导致在恋爱和婚姻中出现争吵、冷战和硝烟不断。

古今中外无数的哲学家、思想家、心理学家一直在强调一种观点：在这个世界上，一个人最大的敌人不是别人，而是自己，战胜自己比战胜别人要难上一百倍。很多情感问题、心理问题、夫妻矛盾，核心不是他（她）的问题，而是你自己的心态出了问题，只不过另一半成了导火索而已。一个人的心态如果总是不够自信、缺少安全感，或者总是纠缠于童年的不满足，哪怕他娶了个七仙女，哪怕她嫁给世界首富、美国总统，他（她）的内心依然不快乐，而且这种不快乐会通过跟自己过不去、跟另一半过不去而表现出来。可见，一个恋爱总是不顺利的人、婚姻总是不幸福的人、内心总是不快乐的人，无论男女，他（她）最大的心魔始终是自己，不是别人，你的父母、你的恋人、你的伴侣都不应该为你的不快乐买单。如何面对自己的心魔是本书最大的课题。

《女人不"狠"，地位不稳》第一部主要讲的是女人要对男人"狠"，这本书主要讲的是女人要对自己"狠"，这不是说要对自己下狠手，而是要下狠心学会跟自己交流，跟自己互动，跟自己做朋友，狠狠爱自己，真正学会接纳自己的不完美，做一个新时代的"狠女"。"三不"女人就是这样一种"狠女"，她不仅对男人"狠"，更对自己"狠"。她对男人"狠"，就是在男人面前永远是"三不"女人；她对自己"狠"，就是狠狠爱自己。这种"狠女"首先是为自己而活的女人，也是敢于接纳自己的不完美的女人，而不是我们想象中的那种完美无缺的理想女人。因为这种完美在生活中根本不存在，但被一些影视剧，尤其是偶像剧、韩剧无限夸大了。

如果说《女人不"狠"，地位不稳》第一部是探讨女人和男人

后 记

♥

的关系，本书作为第二部就是探讨女人和自己的关系。按理说这种书应该女作家去写，但男作家作为旁观者，更了解男性心理，提出的一些建议也许会对女性更有帮助。这大概也是第一部畅销的原因吧，很多女读者跟我说："以往国内这类书都是出自女作家笔下，女作家往往更多是从女性视角来考虑，现在有个男作家加上男性视角，更全面一些，毕竟两性关系是女人和男人的关系，两方面都要顾及到。而男作家则很好地起到了这种桥梁作用！"

这本书得以出版，要感谢北京时代华语图书股份有限公司。说句表示歉意的话，本书按照跟出版社签订的计划去年10月之前就应该完稿，但由于去年我到外地录像和参加其他各种活动特别多，导致书稿一推再推，时代华语的领导和编辑们从无怨言，一直耐心等候，对此深表谢意。

不过，最应该感谢的是我的家人。我的太太田卉群女士多年来一直支持我写作，一直充当我的第一个读者，给了我很多鼓励和建议。本书也不例外。虽然她并不从事心理学研究，但我们却经常在一起探讨。作为女性，她的独特视角对这本书的完稿真的帮助很大。在这里，我想好好地谢谢她，陪我走过这么多年的风风雨雨。

我的父母，我的妹妹，还有我的岳父岳母，都是我写作的坚定支持者。我的妹妹也是情感心理问题的爱好者，每次看完我的新书都会跟我讨论良久。最意想不到的是，春节打电话给远在沈阳的岳父岳母拜年。岳父告诉我，迄今为止我出的几本书他都逐字逐句看完了，而且还放在床头经常翻阅。一个七十多岁身体不好的老人家还看得如此仔细认真，让我深为感动！谢谢他们！家人的支持永远是我写作下去最主要的动力！

最后，也谢谢一直支持我并不断地给我各种反馈意见的广大读者们，你们永远是我最坚强的后盾！

2013年2月
北京学院派寓所